Ross Honsberger

Gitter-Reste-Würfel

Ross Honsberger

Gitter – Reste – Würfel

91 mathematische Probleme mit Lösungen

Friedel Gg. Betzler

Friedr. Vieweg & Sohn   Braunschweig/Wiesbaden

CIP-Kurztitelaufnahme der Deutschen Bibliothek

Honsberger, Ross:
Gitter – Reste – Würfel: 91 mathemat. Probleme mit
Lösungen/Ross Honsberger. [Übers.: Jens Schwaiger].
– Braunschweig; Wiesbaden: Vieweg, 1984.
   Einheitssacht.: Mathematical morsels ⟨dt.⟩
ISBN 3-528-08476-6

Titel der englischen Originalausgabe: Mathematical Morsels
The Dolciani Mathematical Expositions 3
© 1978 by The Mathematical Association of America
Übersetzung: Dr. Jens Schwaiger, Graz

Alle Rechte vorbehalten
© Friedr. Vieweg & Sohn Verlagsgesellschaft mbH, Braunschweig 1984
Softcover reprint of the hardcover 1st edition 1984

Die Vervielfältigung und Übertragung einzelner Textabschnitte, Zeichnungen oder Bilder,
auch für Zwecke der Unterrichtsgestaltung, gestattet das Urheberrecht nur, wenn sie mit
dem Verlag vorher vereinbart wurden. Im Einzelfall muß über die Zahlung einer Gebühr für
die Nutzung fremden geistigen Eigentums entschieden werden. Das gilt für die Vervielfältigung
durch alle Verfahren einschließlich Bänder, Platten und andere Medien. Dieser Vermerk
umfaßt nicht die in den §§ 53 und 54 URG ausdrücklich erwähnten Ausnahmen.

Umschlaggestaltung: F. Balke, Mainz
Satz: Vieweg, Braunschweig
Druck und buchbinderische Verarbeitung: W. Langelüddecke, Braunschweig

ISBN-13: 978-3-528-08476-9   e-ISBN-13: 978-3-322-83974-9
DOI: 10.1007/978-3-322-83974-9

Die Reihe der *DOLCIANI MATHEMATICAL EXPOSITIONS* der Mathematical Association of America entstand durch ein großzügiges Geschenk von Mary P. Dolciani, Professor für Mathematik am Hunter College of the City University of New York, an die Association. Dabei wollte Frau Professor Dolciani, selbst eine erfolgreiche Autorin mathematischer Schriften, eine Förderung des Ideals der ausgezeichneten Darstellungsweise in mathematischen Arbeiten erreichen.

Die Association ihrerseits nahm hocherfreut die Gründung des „Wanderfonds" für diese Reihe an von jemandem, der der Association mit Auszeichnung sowohl als Mitglied des Herausgeberkomitees als auch als Vorstandsmitglied dient. Der Vorstand hat mit aufrichtiger Freude beschlossen, diese Reihe ihr zu Ehren zu benennen.

Die Bücher dieser Reihe werden nach den Kriterien klarer, zwangloser Schreibweise und anregender mathematischer Inhalte ausgesucht. Üblicherweise enthalten sie eine große Anzahl von Übungen mit dazugehörigen Lösungen. Die einzelnen Bücher sollen für Studenten in den ersten Semestern hinreichend elementar wirken, außerdem sollen sogar Gymnasiasten mit mathematischen Neigungen sie verstehen und genießen. Trotzdem besteht auch die Hoffnung, daß sie interessant und manchmal auch herausfordernd sind für weiter fortgeschrittene Mathematiker.

Bücher der Reihe *DOLCIANI MATHEMATICAL EXPOSITIONS* in deutscher Übersetzung:

Band 1: **MATHEMATISCHE EDELSTEINE** von *Ross Honsberger*
Band 2: **MATHEMATISCHE JUWELEN** von *Ross Honsberger*
Band 3: **GITTER–RESTE–WÜRFEL** von *Ross Honsberger*

Vorwort

Die Mathematik ist mit klugen Ideen reichlich versehen. Und wie lange man sie auch immer betreibt, aufregende Überraschungen scheinen ihr nie auszugehen. Keineswegs findet man diese mathematischen Edelsteine nur in schwierigen Arbeiten auf fortgeschrittener Stufe. Auch einfache Probleme können voll von Einfallsreichtum und Genialität sein. Der hier vorliegende Band diskutiert eine ganze Schar elementarer Aufgaben, die hauptsächlich der Zeitschrift American Mathematical Monthly, 1894–1975 entnommen wurden. Sie enthalten viele wunderbare Ideen, ungefähr zwanzig sind einfach schön.
Paul Erdös vertritt die Theorie, daß Gott ein Buch besitzt, in dem alle mathematischen Sätze mit ihren allerschönsten Beweisen stehen. Wenn Erdös einen Beweis als besonders genial hervorheben will, sagt er: „Der ist aus dem Buch!" Vielleicht ist es an dieser Stelle nicht unpassend zu behaupten, daß dieses Buch mit der Vorstellung geschrieben worden ist, daß alle Reichtümer unseres Lebens Geschenke Gottes sind, die wir annehmen und verteilen sollten.
Für den Großteil des Buches müßten die Kenntnisse eines Studienanfängers mehr als ausreichen. Gelegentlich wird Spezielleres vorausgesetzt. Aber sogar in diesem Fall handelt es sich meistens um gewöhnliche, elementare Themen, die nur aus Zeitmangel in den heutigen Vorlesungszyklen erst später behandelt werden. Ich verweise z.B. auf den Satz von Pick und Grundkenntnisse aus dem Bereich der Kreisspiegelung. Kein Leser sollte beunruhigt sein, wenn er diese Dinge nicht kennt, da man sie sich sofort aneignen kann, wenn man sie braucht. Hinweise auf solche Themen werden im Text angegeben.
Die meisten der hier angeschnittenen Probleme sind in den Problem-Spalten bekannter mathematischer Zeitschriften erschienen. Zu Beginn jeder Aufgabe wird auf die Quelle und auf die Personen, die das Problem gestellt bzw. gelöst haben, hingewiesen. Genaue diesbezügliche Angaben verschwimmen oft oder gehen verloren, wenn eine Aufgabe die Runde macht. Folglich ist es riskant anzunehmen, daß das angegebene Problem oder die Lösung nur von der hier genannten

Person stammt. Die Hinweise sollen in erster Linie anzeigen, wo ich auf das Thema gestoßen bin. Aus Ehrlichkeit jedem Betroffenen gegenüber sollte ich anmerken, daß ich öfters nur Teile einer Aufgabe oder Lösung verwendet habe, und daß ich im allgemeinen alle Darstellungen wesentlich umgeschrieben und ausgeschmückt habe. Die Behauptungen vieler Aufgaben wurden umformuliert, um sie klarer zu gestalten. Dies ist kein Buch mit Aufgaben, die der Leser lösen soll, obwohl er sicher mehr Spaß hat, wenn er sich zuerst ein wenig daran versucht, sondern eines, das als Schaufenster für kleine Wunder der Mathematik bezeichnet werden kann. Jedoch wurden am Ende des Buches einige Dutzend Übungen für den Leser angefügt.
Als Leitfaden beim Auffinden einer bestimmten Aufgabe oder beim Verfolgen bestimmter Themen enthält das Buch eine komplette Auflistung der Aufgaben unter den drei Überschriften:
I. Algebra, Arithmetik, Zahlentheorie, Folgen, Wahrscheinlichkeitstheorie
II. Kombinatorik, Kombinatorische Geometrie (Maxima und Minima)
III. Geometrie (Maxima und Minima).
In den Literaturangaben wurden folgende Abkürzungen verwendet:
AMM — American Mathematical Monthly
MM — Mathematical Magazine
NMM — National Mathematics Magazine (Vorgänger des MM).
Herrn Professor Ivan Niven bin ich außerordentlich dankbar für die sorgfältige Durchsicht des Manuskripts, die zu vielen Korrekturen und anderen Verbesserungen in der Endfassung führte. Außerdem danke ich meinem Kollegen Leroy Dickey und den Professoren E. F. Beckenbach, Henry Alder, Ralph Boas, Donald Albers und G. L. Alexanderson für ihre konstruktive Kritik.

Ross Honsberger

University of Waterloo

Inhaltsverzeichnis

Problem	Seite
1 Das Schachturnier	1
2 Die geordneten Partitionen von n	3
3 Gebiete in einem Kreis	4
4 Die Fährboote	8
5 Der vorstehende Halbkreis	9
6 Das Chauffeurproblem	11
7 Die Wandschirme in der Ecke	14
8 Färbungen der Ebene	17
9 Ein ins Auge springendes Maximum	19
10 $\cos 17 x = f(\cos x)$	21
11 Ein Quadrat im Gitter	22
12 Ein undurchlässiges Quadrat	25
13 Das Spiel der X und 0	28
14 Eine überraschende Eigenschaft rechtwinkliger Dreiecke	29
15 Die Ziffern der Zahl 4444^{4444}	31
16 $\sigma(n) + \varphi(n) = n \cdot d(n)$	33
17 k-Haufen	36
18 Eine Summe minimaler Zahlen	38
19 Die drei letzten Stellen der Zahl 7^{9999}	41
20 Ein Würfelspiel	43
21 Der durchbohrte Würfel	44
22 Doppelfolgen	46
23 Punkttrennende Kreise	49
24 Über die Längen der Seiten eines Dreiecks	53
25 Keine Analysis, bitte!	54
26 a^b und b^a	60
27 Eine mathematische Scherzfrage	62
28 Landkarten auf der Kugel	64
29 Konvexe Gebiete der Ebene	68
30 Ein diophantisches Gleichungssystem	73

31	Eine reflektierte Tangente	74
32	Das wohlzerstörte Schachbrett	76
33	Die Schneebälle	81
34	Die Zahlen zwischen 1 und einer Milliarde	83
35	Aneinanderstoßende, einander nicht überlappende Einheitsquadrate	84
36	Eine diophantische Gleichung	91
37	Die Folge der Fibonacci-Zahlen	93
38	Eine Ungleichung von Erdös	97
39	Gitterpunktverteilung	100
40	Perfekte Zahlen	103
41	Die Seiten im Viereck	105
42	Primzahlen in arithmetischen Folgen	107
43	Cevasche Strecken	109
44	Die Kühe und die Schafe	112
45	Eine Folge von Quadraten	114
46	Das eingeschriebene Zehneck	115
47	Rote und blaue Punkte	118
48	Die Methode von Swale	121
49	$\pi(n)$	123
50	Eine Sehne konstanter Länge	126
51	Die Anzahl der inneren Diagonalen	128
52	Gefälschte Würfel	130
53	Eine merkwürdige Folge	132
54	Lange Ketten aufeinanderfolgender natürlicher Zahlen	136
55	Ein minimales eingeschriebenes Viereck	139
56	Dreieckszahlen	142
57	Regelmäßige n-Ecke	150
58	Die Fermatschen Zahlen	152
59	Eine Ungleichung für Reziprokwerte	155
60	Eine vollkommene vierte Potenz	156
61	Quadratpackungen	157
62	Die roten und die grünen Bälle	163
63	Zusammengesetzte Glieder arithmetischer Folgen	165
64	Aufeinanderstoßende gleichseitige Dreiecke	167
65	Prüfungen	170

66 Eine Anwendung des Satzes von Ptolemäus 172
67 Noch eine diophantische Gleichung 176
68 Eine ungewöhnliche Eigenschaft komplexer Zahlen 178
69 Eine Kreiskette 179
70 Gleiche Ziffern am Ende einer Quadratzahl 182
71 Eine Winkelhalbierende 184
72 Ein Ungleichungssystem 186
73 Eine unerwartete Eigenschaft des regelmäßigen 26-Ecks ... 187
74 Mehr über vollkommene Quadrate 190
75 Ein ungewöhnliches Polynom 194
76 Schwerpunkte, die auf einem Kreis liegen 196
77 Ein einfacher Rest 200
78 Eine merkwürdige Eigenschaft von 3 201
79 Ein Quadrat im Quadrat 202
80 Immer ein Quadrat 204
81 Eine Einteilung der natürlichen Zahlen 206
82 Dreiecke, deren Seitenlängen benachbarte Glieder einer
    arithmetischen Folge sind 208
83 Durch Permutationen bestimmte Brüche 210
85 Binomialkoeffizienten 211
85 Die Fermatsche Zahl F_{73} 213
86 Ein Sehnenviereck 218
87 Besondere Tripel natürlicher Zahlen 220
88 Primzahlsummen 221
89 Noch eine merkwürdige Folge 223
90 Ellipsen im Gitter 228
91 Archimedische Dreiecke 235
Übungen 242
Liste der nach Themen geordneten Probleme 247

Problem 1

Das Schachturnier*

In New York City gibt es mehr Schachmeister als im Rest der USA zusammengenommen. Es ist ein Turnier geplant, an dem alle amerikanischen Meister teilnehmen sollen. Dabei soll das Turnier an dem Ort stattfinden, für den die gesamte Anreisestrecke aller Teilnehmer minimal ist. Die Schachmeister aus New York behaupten, daß dann das Turnier in ihrer Stadt stattfinden müsse. Die Meister von der Westküste meinen, daß eine Stadt im oder nahe beim Schwerpunkt der Menge aller Teilnehmer besser wäre. Wo muß das Turnier stattfinden?

Lösung

Die New Yorker haben recht. Dazu bezeichne man die Meister aus New York mit $N_1, N_2, ..., N_k$ und die restlichen in beliebiger Reihenfolge mit $0_1, 0_2, ..., 0_t$. Weil in New York mehr als die Hälfte aller Meister leben, gilt $k > t$. Bildet man nun die Paare $(N_1, 0_1)$, $(N_2, 0_2), ..., (N_t, 0_t)$, so bleiben die New Yorker Meister N_{t+1}, $N_{t+2}, ..., N_k$ frei.

Jetzt wenden wir uns dem Paar $(N_1, 0_1)$ zu. Wo auch das Turnier stattfindet, werden die Meister N_1 und 0_1 zusammen eine Reisestrecke haben, die mindestens so groß ist wie „$N_1 0_1$", die geradlinige Verbindungsstrecke zwischen den entsprechenden Städten. Insgesamt ist die gesamte Reisestrecke aller Teilnehmer nicht kleiner als

$$S = N_1 0_1 + N_2 0_2 + ... + N_t 0_t.$$

---

* Pi Mu Epsilon, Vol. 1, 1949—54, S. 328, Problem 41, gestellt und gelöst von Chester Mc Master, New York City.

Ist der Austragungsort New York, gibt S die genaue Gesamtdistanz an. Liegt er aber außerhalb New Yorks, so haben die t Paare von Spielern eine Gesamtstrecke von mindestens S zurückzulegen. Dazu kommen noch die nicht mehr verschwindenden Anreisewege von $N_{t+1}, N_{t+2}, \ldots, N_k$. New York ist also der richtige Ort.

Ein ähnliches Problem betrachten J. H. Butchart und Leo Moser in ihrem hervorragenden Artikel *No Calculus Please*, Scripta Mathematica, 1952, S. 221–236:

n Punkte $x_1, x_2, \ldots, x_n$ liegen in dieser Reihenfolge von links nach rechts auf einer Geraden; man finde den Punkt x auf der Geraden, für den die Summe S aller Abstände von diesem zu den gegebenen Punkten minimal ist (Bild 1).

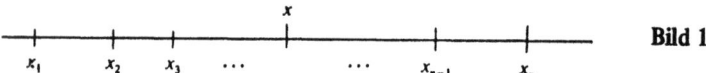

Bild 1

Offensichtlich ergeben die Abstände $x_1 x$ und $x_n x$ zusammen mindestens $x_1 x_n$. Jetzt paart man die Punkte von außen nach innen, wobei eine Menge ineinandergeschachtelter Intervalle (x_1, x_n), $(x_2, x_{n-1}), \ldots$ entsteht. Ist n ungerade, so bleibt der Punkt $x_{(n+1)/2}$ bei dieser Paarbildung unberücksichtigt. Weil die Summe der Abstände der beiden Punkte eines Paares zum Punkt x minimal ist für jeden Punkt x zwischen diesen beiden, minimiert ein Punkt im innersten Intervall gleichzeitig die Abstandssumme aller Paare. Für gerades n gilt also

$$S \geq x_1 x_n + x_2 x_{n-1} + \ldots,$$

wobei Gleichheit gilt für jeden Punkt x im innersten Intervall. Ist n ungerade, so erhält man das gleiche Minimum, wenn man für x den Punkt $x_{(n+1)/2}$ nimmt, der ja im innersten Intervall liegt, weil der neu hinzukommende Abstand $xx_{(n+1)/2}$ in diesem Fall verschwindet.

Problem 2

Die geordneten Partitionen von n*

Die Zahl 3 kann auf vier Arten als Summe einer oder mehrerer natürlicher Zahlen dargestellt werden, wenn man die Anordnung der Summanden berücksichtigt:

3, 1 + 2, 2 + 1, 1 + 1 + 1.

Wie viele solcher Darstellungen gibt es für die Zahl n?

Lösung

Man betrachte eine Kette von n Einsern in einer Reihe. Jede Anordnung von $n-1$ oder weniger Trennlinien in den Zwischenräumen zwischen den Zahlen entspricht einer Darstellung von n und umgekehrt.

$$11|111|1|11 \ldots 11$$
$$n = 2 + 3 + 1 + (n-6)$$

Weil wir für den Zwischenraum die Wahl haben eine Trennlinie zu setzen oder nicht, gibt es 2^{n-1} Möglichkeiten der Anordnung der Trennlinien und daher auch diese Anzahl von Darstellungen von n. •

---

* Pi Mu Epsilon, Vol. 1, 149–54, S. 186, Problem 27, gestellt von Arthur B. Brown, Queens College, gelöst von William Moser, University of Toronto.

Problem 3

Gebiete in einem Kreis*

Man wähle n Punkte auf einem Kreis und ziehe alle möglichen Sehnen zwischen je zweien dieser Punkte. Dabei mögen keine drei Sehnen einen Punkt gemeinsam haben. In wieviele Gebiete zerfällt dabei das Innere des Kreises?

Lösung

Man fügt die Sehnen eine nach der anderen in die Figur ein. Eine neue Sehne zerlegt dann verschiedene Gebiete und erhöht dabei die Zahl der Teilgebiete (Bild 2). Die Anzahl der zusätzlichen Gebiete ist gleich der Anzahl der Abschnitte, in die die neue Sehne durch die

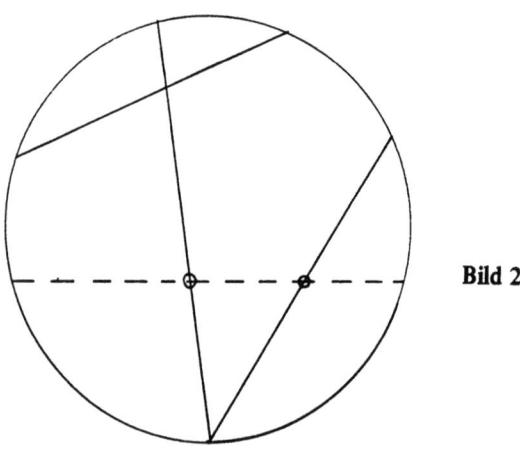

Bild 2

---

* AMM, 1973, E 2359, gestellt von T. C. Brown, Simon Fraser University, Burnaby, British Columba, gelöst von Norman Bauman, Nanuet (New York).

Schnitte mit den alten Sehnen zerlegt wird. Sie ist daher um 1 größer als die Anzahl der Schnittpunkte auf der neuen Sehne. Ausgehend von dieser Beobachtung können wir jetzt ganz einfach die bemerkenswerte Formel beweisen, daß die Anzahl der Gebiete, die gegeben ist durch L Geraden, von denen keine drei einen Schnittpunkt im Inneren des Kreises gemeinsam haben und wo genau P Schnittpunkte im Kreis auftreten als

$$P + L + 1$$

bestimmbar ist. Für $L = 1$ gilt $P + L + 1 = 0 + 1 + 1 = 2$ (Bild 3). Eine zusätzliche Gerade, die die erste schneidet liefert

$$P + L + 1 = 1 + 2 + 1 = 4;$$

eine, die die erste nicht schneidet, liefert

$$P + L + 1 = 0 + 2 + 1 = 3.$$

Bild 3

Nun gelte diese Anzahlsformel für L Geraden, $L \geq 2$. Eine zusätzliche Gerade möge k neue Schnittpunkte liefern. Weil sie k andere Geraden schneidet, geht sie durch $k + 1$ Gebiete, wodurch sich die Gesamtzahl um $k + 1$ erhöht. Für die $L + 1$ Geraden und $P + k$ Punkte ist daher die Gesamtzahl der Gebiete

$$(P + L + 1) + (k + 1) = (P + k) + (L + 1) + 1,$$

womit die Formel durch Induktion bewiesen ist.

Offensichtlich besteht eine eindeutige Beziehung zwischen den Schnittpunkten X und den ungeordneten Quadrupeln (A, B, C, D) von je vier der n gegebenen Punkte auf dem Kreis (Bild 4). Daher gibt es genau $\binom{n}{4}$ Schnittpunkte, was ja die Zahl der möglichen

Quadrupeln darstellt. Außerdem gibt es genau $\binom{n}{2}$ Sehnen. Folglich ergibt sich für die Anzahl der Gebiete, die durch paarweises Verbinden der n Punkte entsteht, der Ausdruck

$$P + L + 1 = \binom{n}{4} + \binom{n}{2} + 1 \qquad \bullet$$

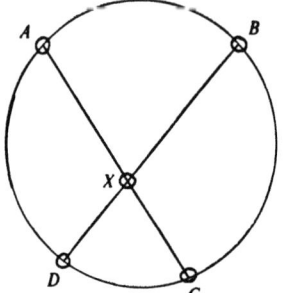

Bild 4

(Man bemerkt, daß dieses Ergebnis auf beliebige konvexe Gebiete der Ebene anwendbar ist und daß die Vorgangsweise auf höherdimensionale Probleme verallgemeinbar ist. Eine Punktemenge S heißt konvex, wenn für je zwei Punkte A, B in S die Strecke AB ganz in S liegt. Eine genaue Darstellung der Theorie der konvexen Mengen findet man im Buch: Euclidean Geometry and Convexity von Russell V. Benson, McGraw-Hill, 1966).

Die Anzahl der Gebiete kann man auch sehr nett bestimmen, indem man untersucht, wieviele Gebiete verloren gehen, wenn man eine Sehne nach der anderen löscht. Jeder Sehnenabschnitt zwischen zwei Schnittpunkten trennt zwei Gebiete voneinander, die zu einem Gebiet zusammenfallen, wenn die entsprechende Sehne weggenommen wird. Die Zahl der verschwundenen Gebiete ist um 1 größer als die Zahl der Schnittpunkte auf der Sehne. Jeder Schnittpunkt liegt auf zwei Geraden. Wird eine davon weggenommen, so verschwindet der Schnittpunkt auch auf der anderen Geraden. Folglich kommt bei diesem Reduktionsvorgang jeder Schnittpunkt genau einmal vor; für jede Gerade ist die entsprechende Anzahl verschwindender Gebiete durch

(Anzahl der übriggebliebenen Schnittpunkte) + 1

gegeben. Summiert man diese Anzahlen bei der Entfernung aller L Sehnen, so erkennt man, daß die Gesamtsumme gegeben ist als die Anzahl P aller Schnittpunkte vermehrt um 1 für jede Sehne, woraus folgt, daß insgesamt P + L Gebiete verloren gehen. Da am Ende das Kreisinnere als Gebiet übrig bleibt, waren ursprünglich P + L + 1 Gebiete vorhanden.

Problem 4

Die Fährboote*

Zwei Fährboote fahren regelmäßig und mit konstanten Geschwindigkeiten über einen Fluß hin und her, wobei sie ohne Zeitverlust an den Ufern wenden. Sie fahren von den beiden gegenüberliegenden Ufern zur selben Zeit ab und treffen einander zum ersten Mal 700 m von einem Ufer entfernt. Sie setzen ihren Weg zum Ufer fort, wenden und treffen dann 400 m vom zweiten Ufer entfernt zum zweiten Mal aufeinander. Man bestimme als mündliche Aufgabe die Breite des Flusses.

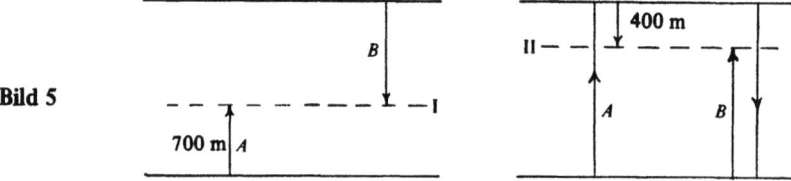

Bild 5

Lösung

Beim ersten Aufeinandertreffen ist die zurückgelegte Gesamtstrecke der beiden Boote gerade die Flußbreite (Bild 5). Nun ist es doch einigermaßen überraschend, daß beim zweiten Zusammentreffen die zurückgelegte Gesamtstrecke der beiden Boote das Dreifache der Flußbreite ist. Weil die Geschwindigkeiten konstant sind, findet die zweite Begegnung nach dem Dreifachen der Zeitspanne statt, die bis zur ersten Begegnung vergangen ist. Bis zum ersten Treffen hat – sagen wir – die Fähre A eine Strecke von 700 m zurückgelegt. In der dreifachen Zeit würde sie dann 2100 m weit fahren. Bis zur zweiten Begegnung fährt A einmal ganz über den Fluß und 400 m zurück. Daher beträgt die Breite des Flusses 2100 m − 400 m = 1700 m. •

---

* AMM, 1940, S. 111, Problem E 366, gestellt von C. O. Oakley, Haverford College, gelöst von W. C. Rufus, Observatory, University of Michigan.

Problem 5

Der vorstehende Halbkreis*

Es wird über einer Sehne AB des Kreises mit Mittelpunkt O und dem Radius 1 ein nach außen gerichteter Halbkreis errichtet. Offensichtlich liegt dabei der am weitesten aus dem gegebenen Kreis hinausragende Punkt C des Halbkreises auf dem Radius ODC, der auf AB normal steht (Bild 6). (Für jeden anderen Punkt C' des Halbkreises gilt OC' < OD + DC' = OD + DC = OC). Die Länge von OC hängt natürlich von der Wahl der Sehne AB ab. Es ist AB so zu bestimmen, daß OC maximal wird.

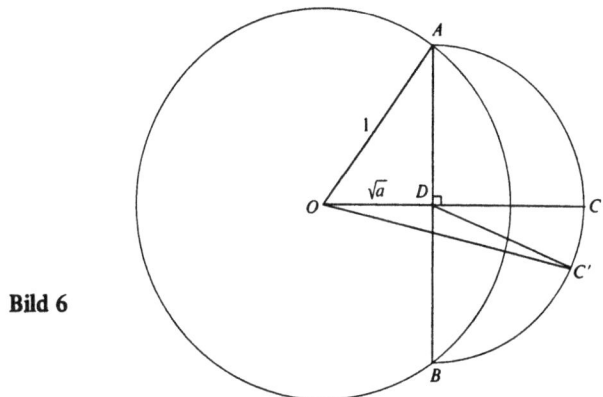

Bild 6

Lösung

Es sei OD = $\sqrt{a}$. Der Radius des Halbkreises ist dann AD = $\sqrt{1-a}$ = DC.

---

* Pi Mu Epsilon, Vol. 4, 1964, Problem 187, gestellt von R. C. Gebhardt, Parsippany, New Jersey, gelöst von Murray Klamkin, Ford Scientific Laboratory.

Folglich gilt $OC^2 = (OD + DC)^2 = (\sqrt{a} + \sqrt{1-a})^2 = a + 2\sqrt{a(1-a)} + 1 - a$, woraus man $OC^2 = 1 + 2\sqrt{a(1-a)}$ erhält. Soll dieser Ausdruck maximal sein, so muß $a(1-a)$ zu einem Maximum gemacht werden. Wegen

$$a(1-a) = a - a^2 = \frac{1}{4} - \left(a - \frac{1}{2}\right)^2$$

ergibt sich das Maximum für $a = \frac{1}{2}$, woraus $OD = \sqrt{a} = \sqrt{2}/2$ folgt. Für maximales OC ergibt sich

$$AD = \sqrt{1 - OD^2} = \sqrt{1 - \frac{1}{2}} = \frac{\sqrt{2}}{2},$$

womit $AB = 2\,AD = \sqrt{2}$. Das Dreieck AOB hat Seiten mit Längen $1, 1, \sqrt{2}$, woraus folgt, daß im Dreieck AOB der Seite AB ein rechter Winkel gegenüber liegt. •

Der nun folgende wohlüberlegte Zugang liefert eine andere Lösungsart. Das Dreieck ADC ist rechtwinklig und gleichschenklig, woraus ⩞ DCA = 45° folgt (Bild 7). Bildet CA keine Tangente an den gegebenen Kreis, dann gibt es eine Sehne, für die C auf der durch O und D bestimmten Strecke weiter nach außen rückt. Die Sehne, für die OC maximal wird, muß also so liegen, daß CA eine Tangente ist, wobei dann CA eine Kathete des gleichschenklig rechtwinkligen Dreiecks OAC ist. Das ergibt CA = OA = 1. Dem gleichschenklig rechtwinkligem Dreieck DAC entnimmt man abschließend

$$AD = \frac{\sqrt{2}}{2} \quad \text{und} \quad AB = \sqrt{2}.$$

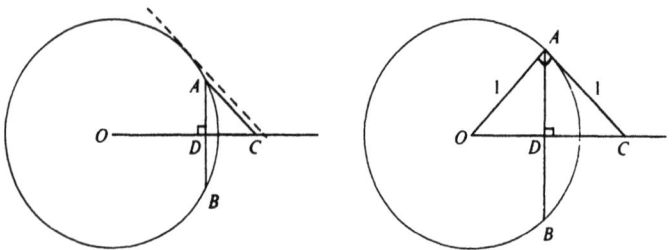

Bild 7

Problem 6

Das Chauffeurproblem*

Mr. Smith, ein Pendler, wird jeden Tag genau um 17 Uhr vom Bahnhof abgeholt. Eines Tages kommt er unverhofft um 16 Uhr an und beginnt nach Hause zu gehen. Dabei trifft er auf den Chauffeur, der gerade zum Bahnhof fährt, um ihn abzuholen. Der Chauffeur bringt ihn nun den Rest des Weges nach Hause. Dort kommen sie 20 Minuten früher als üblich an.

An einem anderen Tag kommt Mr. Smith unerwartet mit dem Zug um 16 Uhr 30 an und geht wieder zu Fuß. Abermals trifft er dabei den Chauffeur mit dem er nach Hause fährt. Um wieviel früher als üblich kommen sie diesmal dort an? (Dabei nehmen wir konstante Geschwindigkeit für Gehen und Fahren an und außerdem, daß keine Zeit beim Wenden des Autos und beim Aufnehmen von Mr. Smith verloren geht.)

Lösung I

Die übliche Lösungsmethode ist die folgende: Am ersten Tag hat sich der Chauffeur eine 20-minütige Fahrt erspart. Mr. Smith wurde deshalb an einer Stelle aufgenommen, deren Entfernung vom Bahnhof einer zehnminütigen Autofahrt entspricht. Wäre alles wie gewohnt verlaufen, so wäre der Chauffeur genau um 17 Uhr am Bahnhof angekommen. Die Zeitersparnis von zehn Minuten bedeutet daher, daß Mr. Smith von ihm um 16 Uhr 50 aufgenommen worden ist. Folglich benötigte Mr. Smith gehend 50 Minuten für die Strecke, die der Chauffeur fahrend in 10 Minuten zurücklegte. Der Chauffeur fährt also fünfmal so schnell wie Mr. Smith geht.

---

* Das ist eine alte Aufgabe in neuem Gewand. 1974 kam sie im von Murray Klamkin geleiteten "Freshman Mathematics Contest" der University of Waterloo vor.

Am zweiten Tag sei nun Mr. Smith 5t Minuten gegangen. Die dabei zurückgelegte Strecke fährt der Chauffeur also in t Minuten ab. Mr. Smith wurde daher t Minuten vor 17 Uhr aufgenommen, also 60−t Minuten nach 16 Uhr. Weil er um 16 Uhr 30 zu gehen anfing und 5 t Minuten gegangen war, mußte Mr. Smith also 30 + 5 t Minuten nach 16 Uhr ins Auto gestiegen sein. Es ist daher 30 + 5 t = 60 − t oder t = 5. Der Chauffeur ersparte sich somit eine fünfminütige Strecke in einer Richtung, weswegen beide 10 Minuten früher als üblich zu Hause ankamen. •

Das ist sicher eine sehr nette Lösung der Aufgabe. Ein Teilnehmer am Wettbewerb für Studienanfänger, nämlich Richard Cameron (Petersborough, Ontario), hat aber auf der Stelle im Verlaufe des Wettbewerbs die folgende Lösung erarbeitet.

Lösung II

Man stellt sich ein Diagramm vor, in dem die Entfernung vom „Bahnhof" in Abhängigkeit von der „Zeit" aufgetragen wird. Auf diese Weise kann man ganz einfach die Bewegung von Mr. Smith und seinem Chauffeur eintragen. An einem normalen Tag, zum Beispiel, haben wir es mit folgender Situation zu tun, wobei wir uns, sagen wir, für die Zeit nach 16 Uhr interessieren (Bild 8). (Das ist ein sogenanntes Weltlinien-Diagramm, von dem Cameron zuvor aber nie etwas gehört hat.)

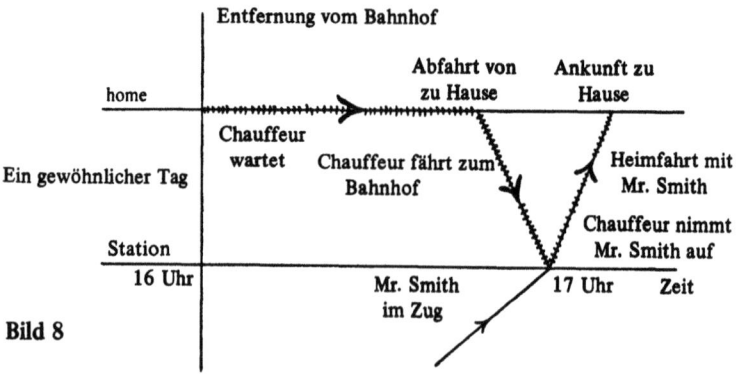

Bild 8

Die drei Fahrten, eingeschlossen die Fahrt an einem gewöhnlichen Tag, ergeben das Bild 9 Wegen der konstanten Geh- und Fahrgeschwindigkeit sind diese Weltlinien abschnittsweise parallel zueinander. Weil 16 Uhr 30 genau in der Mitte zwischen 16 Uhr und 17 Uhr liegt, überträgt sich das 1 : 1-Verhältnis längs der parallelen Strecken und liefert als Zeitersparnis $\frac{1}{2}$ (20) = 10 Minuten. •

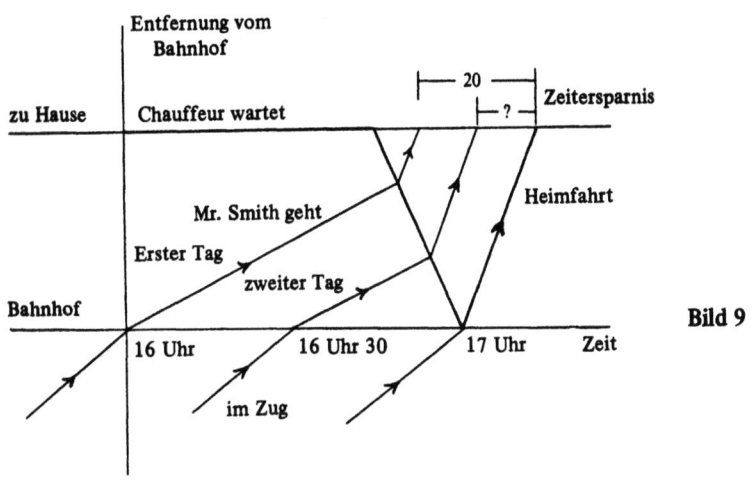

Bild 9

Problem 7

Die Wandschirme in der Ecke*

Zwei 4 m lange Wandschirme stehen gegenüber einer Ecke eines rechteckigen Raumes und zwar so, daß sie ein Maximum an Grundfläche einschließen. Man bestimme ihre Lage.

Lösung

Die Lösung beruht auf wiederholter Anwendung des folgenden bekannten Ergebnisses.

Lemma *Das Dreieck mit der größten Fläche in der Klasse derjeniger Dreiecke mit fester Grundlinie b und festem, der Grundlinie gegenüberliegendem Winkel Θ, ist dasjenige, das gleichlange Schenkel hat. (Alle Dreiecke der Klasse liegen in einem Segment eines Kreises, dabei hat das gleichschenklige Dreieck die größte Höhe bezüglich der gemeinsamen Grundlinie* (Bild 10).)

O bezeichne die Ecke des Raumes. Die Wandschirme mögen die Wände in A und B berühren. Die von den Schirmen eingeschlossene Grundfläche ist $\triangle$ AOB + $\triangle$ ABP, wobei P den Treffpunkt der Schirme bezeichnet. (Klarerweise müssen die Wandschirme aneinanderstoßen, um die eingeschlossene Fläche maximal werden zu lassen, wobei P dann der gemeinsame Endpunkt beider Schirme ist.)

Ist das Dreieck OAB nicht gleichschenklig mit OA = OB, so kann man die Schirme so verschieben, daß sie die Lagen A'P' und

---

* Pi Mu Epsilon, 1944—45, S. 321, Problem 577, gestellt und gelöst von E. P. Starke, Rutgers Universität.

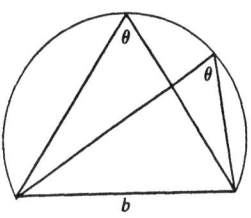
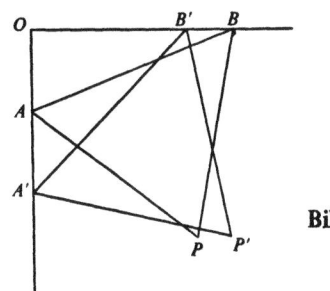

Bild 10

B′P′ einnehmen. Dabei gilt OA′ = OB′ und A′B′ = AB. Die Dreiecke A′B′P′ und ABP sind gleich (kongruent). Nach dem Lemma hat △OA′B′ eine größere Fläche als △OAB. In der neuen Lage schließen die Schirme somit eine größere Fläche ein. Bei maximaler eingeschlossener Fläche gilt also OA = OB.

Weil die Schirme gleich lang sind, liegt P auf der Mittelsenkrechten der Strecke AB. Im Falle OA = OB halbiert diese Mittelsenkrechte den rechten Winkel in der Ecke O. Um maximale Fläche zu erzeugen, muß daher OP den rechten Winkel in O halbieren (Bild 11).

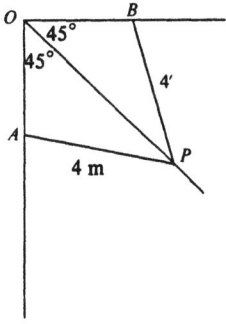
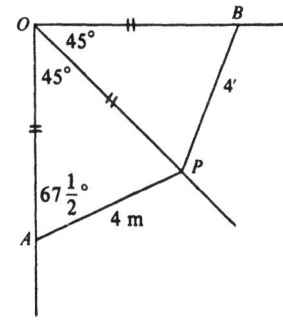

Bild 11

15

Jeder Schirm hat somit eine Fläche desjenigen Dreiecks zu maximieren, das durch den gegenüberliegenden 45°-Winkel in O ausgeschnitten wird. Weil AP konstant ist, ergibt das Lemma, daß das Dreieck OAP maximal ist, wenn es gleichschenklig ist mit OA = OP. In diesem Fall gilt $\angle$ OAP = $67\frac{1}{2}$ Grad, woraus sich die Lösung ergibt. Die einfache Aufgabe, AP mit Zirkel und Lineal zu bestimmen, sei dem Leser als Übung überlassen. •

Eine weitere sehr hübsche Lösung des Problems wird in einem späteren Abschnitt — Keine Analysis bitte! — auf Seite 59 angegeben.

Problem 8

Färbung der Ebene*

Alle Punkte der Ebene seien entweder rot oder blau gefärbt. Man zeige die Existenz eines Rechteckes, dessen Ecken ein und dieselbe Farbe haben.

Lösung

Jede Menge von sieben Punkten enthält mindestens vier gleichfarbige Punkte. Unter sieben Punkten einer Geraden gibt es also vier kollineare Punkte P_1, P_2, P_3 und P_4 derselben Farbe — sagen wir Rot. Projiziert man diese Punkte auf zwei weitere, zur ersten Geraden parallele Geraden, so erhält man zwei Punkt-Quadrupel (Q_1, Q_2, Q_3, Q_4) und (R_1, R_2, R_3, R_4), deren Punkte untereinander und mit den Punkten P_i mehrere Rechtecke bestimmen.

P_1.	Q_1.	R_1.
P_2.	Q_2.	R_2.
P_3.	Q_3.	R_3.
P_4.	Q_4.	R_4.

Sind zwei der Q-Punkte rot, so erhalten wir ein Rechteck $P_i P_j Q_j Q_i$ mit lauter roten Ecken. Ähnliches gilt, wenn zwei R-Punkte rot sind. Tritt keiner dieser Fälle ein, so sind mindestens drei Punkte Q und mindestens drei Punkte R blau gefärbt. Für diese Tripel

---

* Pi Mu Epsilon, Vol. 3, 1959–64, S. 474, Problem 138, gestellt von David Silverman, Beverly Hills, Kalifornien, gelöst von John E. Ferguson, Oregon State University.

blauer Punkte muß nun gelten, daß es je zwei in jedem Tripel gibt, die einander paarweise gegenüber liegen, womit man ein Rechteck mit lauter blauen Ecken erhält. •

Man beachte, daß das Ergebnis auch richtig ist für jedes ebene Gebiet, das das Innere eines (beliebig kleinen) Kreises enthält. Im Grunde genommen stellte diese Frage eine Aufgabe der 5. Mathematik-Olympiade in den USA dar, die im Frühjahr 1976 abgehalten wurde.

Problem 9

Ein ins Auge springendes Maximum*

P sei ein variabler Punkt auf einem Kreisbogen, der durch die Sehne AB bestimmt ist. Man beweise die intuitiv einsichtige Eigenschaft, daß die Summe AP + PB maximal ist, wenn P im Mittelpunkt des Bogens AB liegt.

Lösung

Mit dem Mittelpunkt O des Bogens AB als neuem Mittelpunkt zeichne man einen zweiten Bogen von A nach B. AP und AO mögen dabei diesen Bogen in Q und C schneiden (Bild 12).

Der der Sehne AB gegenüberliegende Winkel in O ist das Doppelte des Winkels im Punkt C des Bogens. Der Winkel in P stimmt mit dem Winkel in O überein. Ebenso sind die Winkel in Q und C gleich. Folglich gilt

$\angle$ APB = 2 $\angle$ AQB.

Im Dreieck PQB ist der Außenwinkel APB gleich der Summe der Innenwinkel in Q und B. Das ergibt

2 $\angle$ PQB = 2 $\angle$ AQB = $\angle$ APB = $\angle$ PQB + $\angle$ QBP

also

$\angle$ PQB = $\angle$ QBP.

---

* Pi Mu Epsilon, Vol. 3, 1959—64, S. 296. Problem 130, gestellt von H. Kaye, Brookly, New York, gelöst von C. M. Ingleby in den Sechzigerjahren des vergangenen Jahrhunderts.

Das Dreieck PQB ist damit gleichschenklig; man erhält daher AP + PB = AP + PQ = AQ, wobei letztere Strecke eine Sehne des äußeren Bogens darstellt. Diese Sehne hat maximale Länge, wenn sie ein Durchmesser ist, was genau dann der Fall ist, wenn P mit O zusammenfällt. •

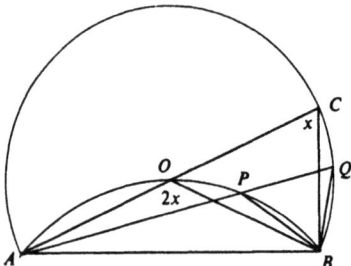

Bild 12

Das Ergebnis kann man auch aus einer Betrachtung der Familie sich stetig ausdehnender Ellipsen mit Brennpunkten A und B erhalten. Aus Symmetriegründen tritt die letzte Berührung der Ellipsen mit dem Kreisbogen im Mittelpunkt dieses Bogens auf. Die Ellipse, die als letzte den Bogen berührt, ist die größte, die den Bogen trifft und hat die größte Brennstrahlsumme, woraus das gewünschte Ergebnis folgt.

Problem 10

cos 17 x = f (cos x)*

f bezeichne die Funktion, die cos 17 x in Abhängigkeit von cos x darstellt; das bedeutet

cos 17 x = f (cos x).

Dann ist zu zeigen, daß die gleiche Funktion sin 17 x in Abhängigkeit von sin x darstellt:

sin 17 x = f (sin x).

Lösung

Es sei x = $\pi/2 - y$, woraus sin x = cos y folgt. Weiter gilt

$$\begin{aligned}
\sin 17\,x &= \sin\left[17\left(\frac{\pi}{2}-y\right)\right] \\
&= \sin\left(8\pi + \frac{\pi}{2} - 17\,y\right) \\
&= \sin\left(\frac{\pi}{2} - 17\,y\right) \\
&= \cos 17\,y \\
&= f(\cos y) \\
&= f(\sin x).
\end{aligned}$$

Man bemerkt, daß 17 durch jede ganze Zahl der Form 4 k + 1 ersetzt werden kann. ●

---

* MM, 1954, Problem Q 103, eingereicht von Norman Anning.

Problem 11

Ein Quadrat im Gitter*

Ein n×n-Quadrat S überdeckt $(n + 1)^2$ Gitterpunkte (d. h. Punkte (x, y) mit ganzzahligen Koordinaten x und y), wenn man es so legt, daß jede Ecke in einem Gitterpunkt liegt und die Seiten parallel zu den Gitterlinien (Achsen) verlaufen. Man beweise das höchsteinsichtige Ergebnis, daß in einem beliebigen Quadrat S nie mehr als $(n + 1)^2$ Gitterpunkte liegen können, wie auch immer dieses Quadrat in der Ebene plaziert wird.

Lösung

S liege beliebig in der Ebene. Den Rand von S stellt man sich als ein Gummiband vor. Außerdem denkt man sich einen Nagel in jedem Gitterpunkt der Ebene befestigt. Nun läßt man das Gummiband, wenn möglich, so schrumpfen, daß es genau um die Nägel in den von S überdeckten Gitterpunkten paßt. Das durch das Gummiband bestimmte Polygon H wird als die „konvexe Hülle" der Gitterpunkte von S bezeichnet. Dieser Begriff ist von großer Bedeutung in vielen geometrischen Untersuchungen (Bild 13). Liegt in jeder Ecke von S ein Gitterpunkt, dann stimmt H mit S überein. (Man vergleiche die Anmerkung am Ende dieses Abschnittes, um zusätzliche Erläuterungen, die Definition der konvexen Hülle betreffend, zu erhalten.)

Weil H in S enthalten ist, ist diese Polygonfläche nicht größer als die Fläche von S:

Fläche von $H \leqslant n^2$

---

* AMM, 1968, S. 545, Problem E 1954, gestellt und gelöst von D. J. Newman, Yeshiva University.

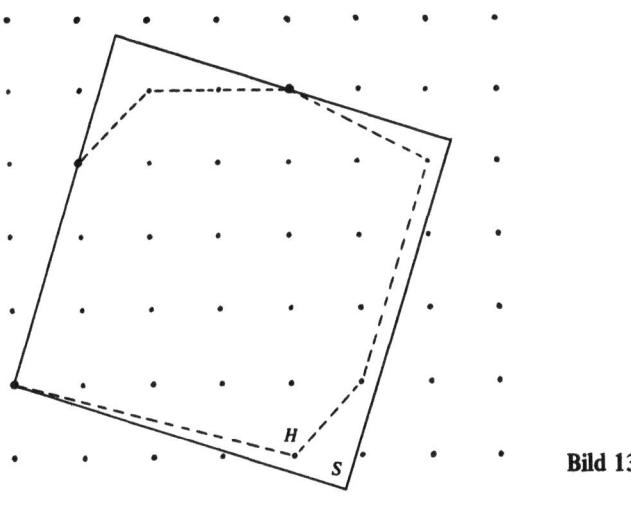

Bild 13

1899 entdeckte George Pick eine bemerkenswerte Formel für die Fläche eines Polygons Y, dessen Ecken Gitterpunkte sind und das sich nicht selbst überschneidet:

Fläche von $Y = q + \frac{p}{2} - 1$,

wobei q die Anzahl der Gitterpunkte im Inneren von Y und p die Anzahl der Gitterpunkte auf dem Rand von Y bezeichnet. (Zu letzteren Punkten gehören die Ecken und alle anderen Gitterpunkte auf den Seiten. Den Beweis dieses Satzes findet man in der unten angegebenen Literatur.) Aus dem Satz von Pick folgt in unserem Fall

Fläche von $H = q + \frac{p}{2} - 1 \leqslant n^2$ und $q + \frac{p}{2} \leqslant n^2 + 1$.

Weil der elastische Rand von S zusammengezogen wurde, um H zu erhalten, kann der Umfang von H nicht größer als der von S sein:

Umfang von $H \leqslant 4n$.

Klarerweise haben zwei Gitterpunkte einen Mindestabstand von 1 voneinander, weswegen auf dem Rand von H höchstens 4 n Gitterpunkte liegen, was wiederum

$$p \leq 4n \quad \text{und} \quad \frac{p}{2} \leq 2n$$

zur Folge hat. Verbindet man dies mit dem obigen Ergebnis $q + (p/2) \leq n^2 + 1$ so erhält man für die Anzahl $q + p$ der in S liegenden Gitterpunkte

$$q + p \leq n^2 + 1 + 2n = (n + 1)^2. \bullet$$

Anmerkung

Die konvexe Hülle H einer ebenen Punktmenge S ist der Durchschnitt aller ebenen konvexen Mengen, die S umfassen. H ist daher minimal in dem Sinn, daß jede konvexe Menge, die S enthält, auch H enthält. H hat keine überflüssigen Punkte — H ist gerade um so viel größer als S, wie notwendig ist, um konvex zu sein. Ist S selbst konvex, so fallen natürlich S und H zusammen.

Literatur

Ross Honsberger, Ingenuity in Mathematics, vol. 23, New Mathematical Library, Math. Assoc. of America, 27–31.

Problem 12

Ein undurchlässiges Quadrat*

Eine Menge von Strecken im Inneren oder auf dem Rand eines Quadrates der Seitenlänge 1 heißt „undurchlässig", wenn jede Gerade, die durch das Quadrat geht, mindestens eine der Strecken der Menge berührt. Zum Beispiel bilden die beiden Diagonalen eine undurchlässige Menge (Bild 14a). Eine zweite undurchlässige Menge ist in Bild 14b abgebildet. Die Gesamtlänge der beiden Diagonalen ist $2 \cdot \sqrt{2} \approx 2{,}82$; es ist eine hübsche Übung in elementarer Differentialrechnung zu beweisen, daß die undurchlässige Menge minimaler Gesamtlänge mit einer Gestalt entsprechend dem symmetrischen Muster in Bild 14b, die Länge $1 + \sqrt{3} \approx 2{,}73$ hat. Man finde eine undurchlässige Menge einer Gesamtlänge kleiner als $1 + \sqrt{3}$.

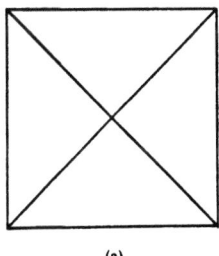 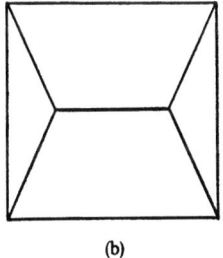

(a) (b) **Bild 14**

---

* AMM, 1966, Mathematical Notes, S. 405, Problem 5.

Lösung

Die aus zwei aneinanderstoßenden Seiten und der gegenüberliegenden Halbdiagonale des Quadrates gebildete undurchlässige Menge (Bild 15) hat die Länge

$$2 + \frac{\sqrt{2}}{2} < 2 + \frac{1{,}42}{2} = 2{,}71 < 1 + \sqrt{3}.$$

Die Seiten AB und BC berühren jede Gerade, die das Dreieck ABC berührt. △ ABC ist damit erledigt. Für die zweite Hälfte des Quadrates ist dann die Halbdiagonale zuständig.

Es gibt aber eine viel wirkungsvollere Möglichkeit für das Dreieck ABC. Der Punkt P im Inneren von △ ABC, von dem aus jede Seite unter einem Winkel von 120° erscheint, heißt Fermatscher Punkt des Dreiecks; dieser Punkt minimiert die Summen der Abstände zu den Eckpunkten (Bild 16):

XA + XB + XC ist minimal für X ≡ P.

Eine sorgfältige Behandlung dieses berühmten Ergebnisses findet man in meinem Buch Mathematische Edelsteine. Dort wird ge-

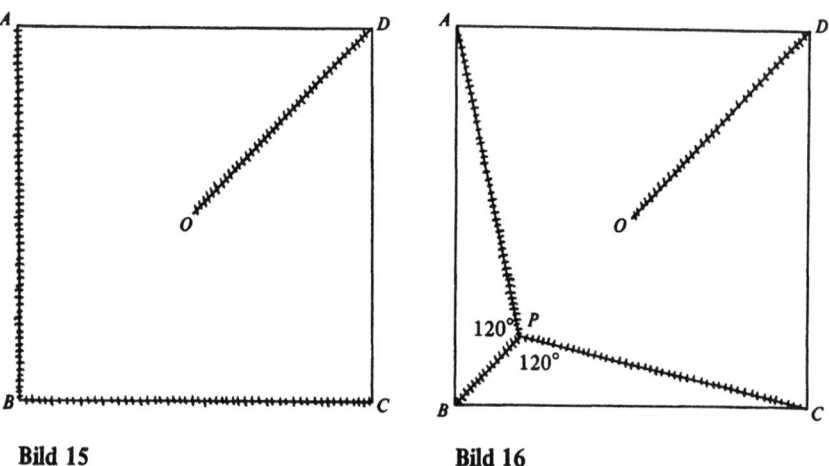

Bild 15 **Bild 16**

zeigt, daß die Minimalsumme PA + PB + PC gegeben ist als Streckenlänge von BB', wobei B' Ecke des über AC nach außen gelegten gleichseitigen Dreiecks ist (Bild 17). Offensichtlich ist in unserem Fall BB' Mittelsenkrechte von AC; ABE ist ein gleichschenkliges Dreieck. Folglich gilt

$$BE = AE = \frac{1}{2} AC = \frac{\sqrt{2}}{2}$$

und

$$BB' = BE + EB' = \frac{\sqrt{2}}{2} + \sqrt{3}\left(\frac{\sqrt{2}}{2}\right) = \frac{\sqrt{2}}{2}(1 + \sqrt{3}).$$

Fügt man zu den drei Strecken PA, PB und PC noch die Halbdiagonale OD der Länge $\sqrt{2}/2$ hinzu, so erhalten wir also eine undurchlässige Menge mit Gesamtlänge

$$\frac{\sqrt{2}}{2}(2 + \sqrt{3}) \approx 2{,}64$$

Diese glänzende Lösung wurde von Maurice Poirier aufgezeigt, einem Secondary School-Lehrer in Orléans, Ontario. •

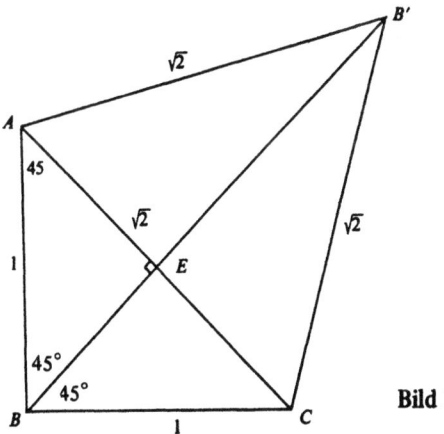

Bild 17

Problem 13

Das Spiel der X und O*

Wir stellen uns ein Spiel mit x (Kreuzen) und O (Punkten) vor, genannt „Tick-Tack-Toe" (im deutschen Sprachraum z. B. unter dem Namen „Kreuzchen und Punkte" bekannt [Anm. d. Übers.]). Das Spielfeld soll ein 8 × 8 × 8-Würfel im Raum sein. Wieviele Gewinnmöglichkeiten „Acht-in-einer-Reihe" gibt es dann?

Lösung

Dies ist eine einfache Aufgabe, die man direkt angehen kann. Eine glänzende Lösung (eine der vielen von Leo Moser) besteht jedoch darin, einen 10 × 10 × 10-Würfel zu betrachten, der den gegebenen 8 × 8 × 8-Würfel mit einer Schale der Dicke 1 umgibt. Die zweiseitige Verlängerung einer „Gewinnlinie" durchdringt zwei Einheitswürfel der Umhüllung. Jeder Einheitswürfel in der Hülle wird außerdem durch nur eine verlängerte Gewinnlinie durchbohrt. Daher entspricht jeder Gewinnlinie ein eindeutig bestimmtes Paar von Einheitswürfeln der Außenschale; die Zahl der Gewinnlinien ist also gerade die Hälfte der Anzahl der Einheitswürfel in der Schale, nämlich

$$\frac{10^3 - 8^3}{2} = \frac{1000 - 512}{2} = 244.$$

Dieser Zugang ist ganz allgemein. Die Zahl der Gewinnlinien eines Würfels der Kantenlänge k im n-dimensionalen Raum ist durch

$$\frac{(k+2)^n - k^n}{2} \quad \text{gegeben.} \bullet$$

---

* AMM, 1948, S. 99, Problem E 773, gestellt von A. L. Rubinoff, Universität Toronto, gelöst von Leo Moser, University of Manitoba.

Problem 14

Eine überraschende Eigenschaft rechtwinkliger Dreiecke*

Gegeben sei ein rechtwinkliges Dreieck. Dreht man dann jede Kathete um den zugehörigen Eckpunkt so, daß sie in der gedrehten Lage auf der Hypothenuse liegt, so ist zu beweisen, daß sich die gedrehten Katheten längs einer Strecke überlappen, deren Länge der Durchmesser des Inkreises des gegebenen Dreiecks ist (Bild 18).

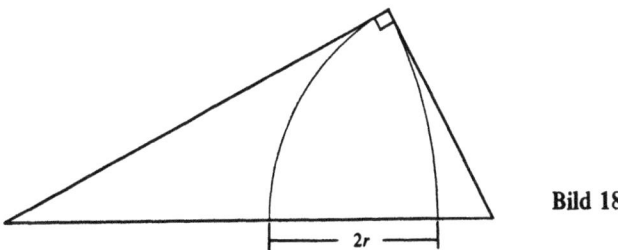

Bild 18

Lösung

Im allgemeinen ist der Radius des Inkreises eines Dreiecks keine einfache Funktion der Seitenlängen. Im rechtwinkligen Dreieck gilt aber folgende bemerkenswerte Beziehung

Durchmesser des Inkreises = (Kathetensumme) − (Hypothenuse).

Das sieht man leicht folgendermaßen. Die Radien zu den Berührungspunkten des Inkreises mit den Katheten projizieren den Radius auf jede der beiden Katheten (Bild 19). Weil die beiden von einem Punkt

---

* AMM, 1956, S. 493, Problem E 1197, gestellt von Huseyin Demir, Zonguldak, Türkei, gelöst von Leon Bankoff, Los Angeles, Kalifornien.

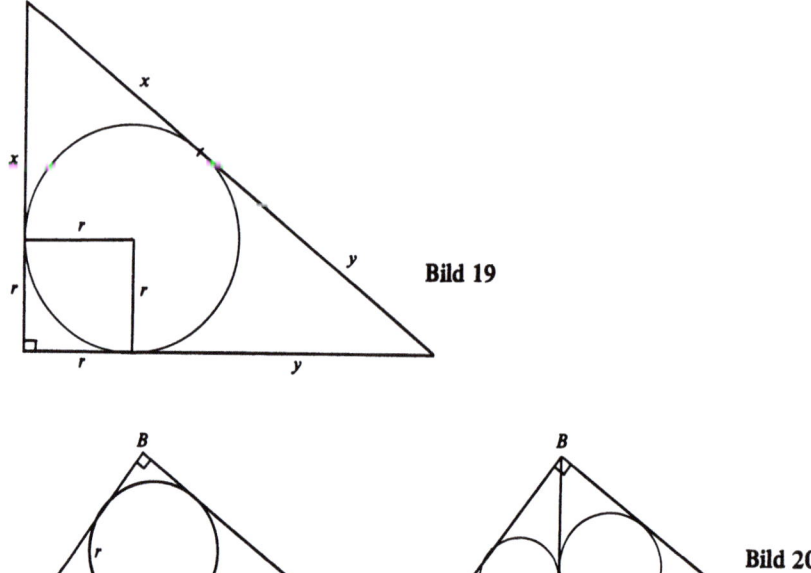

Bild 19

Bild 20

an einen Kreis gezogenen Tangentenabschnitte gleiche Länge haben, erkennt man (vgl. Bild 19) die Beziehung

(Kathetensumme) − (Hypothenuse) = [(x + r) + (y + r)] − (x + y) = 2 r.

Damit folgt die Behauptung, den die Überlappung der gedrehten Katheten ist gerade (Kathetensumme) − (Hypothenuse).

Die folgende Beziehung kann man ebenfalls leicht herleiten. Ist die Höhe BD auf die Hypothenuse des rechtwinkligen Dreiecks ABC gegeben, so gilt für die drei Inkreisradien r, r_1, r_2 des Dreiecks ABC und der beiden kleineren Dreiecke, in die ABC durch BD zerlegt wird, daß ihre Summe gerade die Länge von BD ergibt (Bild 20). Es gilt nämlich

$2r + 2r_1 + 2r_2$ = (AB + BC − AC) + (AD + BD − AB) +
    + (BD + DC − BC) = (AD + DC) − AC + 2 BD = 2 BD,

woraus $r + r_1 + r_2$ = BD folgt.

Problem 15

Die Ziffern der Zahl 4444^{4444} *

Die Ziffernsumme der Dezimaldarstellung von 4444^{4444} sei A. Die Ziffernsumme von A sei B. Was ist die Ziffernsumme von B?

Lösung

Liegt der dekadische Logarithmus der natürlichen Zahl n zwischen $k - 1$ und k, dann ist n k-stellig. Es gilt

$$\log_{10} 4444^{4444} = 4444 \log_{10} 4444.$$

Bedeutet [x] die größte ganze Zahl $\leq x$, so erkennt man also, daß die Anzahl der Stellen von 4444^{4444} gerade

$$N = [4444 \log_{10} 4444] + 1$$

ist.
Wegen $4444 < 10^4$ gilt $\log_{10} 4444 < 4$ und

$$N \leq 4444 \cdot 4 + 1 < 20\,000.$$

Weil jede Ziffer kleiner als 10 ist, erhält man $A < 20\,000 \cdot 9 < 199\,999$. Die Ziffernsumme von 199 999 ist größer als die Ziffernsumme jeder kleineren natürlichen Zahl. Das ergibt

$$B = \text{(Ziffernsumme von A)} < 1 + 5 \cdot 9 = 46.$$

Die Ziffernsumme S von B kann dann nicht größer sein als 12, was die größte Ziffernsumme der Zahlen ≤ 45 ist (diese Summe wird für 39 erreicht).

---

* 17. Internationale Olympiade, 1975, Problem 1.

Weil eine Zahl zu ihrer Ziffernsumme modulo 9 kongruent ist, ergibt sich

$$4444^{4444} \equiv A \equiv B \equiv S \pmod{9}.$$

Modulo 9 gilt außerdem: $4444^{4444} \equiv (-2)^{4444} \equiv 2^{4444} \equiv 2(2^3)^{1481} \equiv 2(-1)^{1481} \equiv -2 \equiv 7$. Folglich gilt $S \equiv 7 \pmod 9$, was aber $S = 7$ bedeutet, weil 7 die einzige Zahl unter 12 ist, die modulo 9 zu 7 kongruent ist. ●

Problem 16

$\sigma(n) + \varphi(n) = n \cdot d(n)$*

Oft wurde schon die bemerkenswerte Gleichung $e^{\pi i} = -1$ hervorgehoben, in der vier der wichtigsten Zahlen der ganzen Mathematik vorkommen. In etwas unbedeutenderer Art verbindet die Gleichung

$\sigma(n) + \varphi(n) = n \cdot d(n)$

drei der wichtigsten zahlentheoretischen Funktionen:

- $\sigma(n)$ — Summe der positiven Teiler von n
- $d(n)$ — Anzahl der positiven Teiler von
- $\varphi(n)$ — (Eulersche φ-Funktion) Anzahl der natürlichen Zahlen $m \leq n$, die zu n teilerfremd sind $((m, n) = 1)$.

Natürlich kann man beliebige Funktionen zusammenwürfeln, um daraus eine mathematische Gleichung zu erzeugen. In unserem Fall ist aber das überraschende Ergebnis herzuleiten, daß die Gleichung $\sigma(n) + \varphi(n) = n \cdot d(n)$ eine notwendige und hinreichende Bedingung dafür darstellt, daß n eine Primzahl ist.

Lösung

(i) Es sei n prim. Die Teiler von n sind also n und 1, woraus $\sigma(n) = n + 1$, $\varphi(n) = n - 1$ und $d(n) = 2$ folgt. Es gilt daher

$\sigma(n) + \varphi(n) = 2n = n \cdot d(n)$

Folglich ist die Bedingung notwendig.

---

* AMM, 1965, S. 186, Problem E 1674, gestellt von C. A. Nicol, University of South Carolina; Lösung von Ivan Niven, University of Oregon (nicht veröffentlicht).

(ii) Nun werde $\sigma(n) + \varphi(n) = n \cdot d(n)$ vorausgesetzt. Außerdem sei n nicht prim: $n = 1$ erfüllt die Gleichung nicht ($1 + 1 \neq 1$), weswegen also $n \geq 2$ gilt.

Im Fall $n > 1$ erhält man $\varphi(n) < n$, da n nicht zu sich selbst teilerfremd ist. Weil n zusammengesetzt ist, hat diese Zahl mindestens drei Teiler. Es werde nun $d(n)$ mit k bezeichnet; die positiven Teiler von n werden in der Anordnung

$$d_1 = 1 < d_2 < \ldots d_k = n$$

geschrieben. Wegen $k = d(n) \geq 3$ ist d_2 nicht größter Teiler, woraus man

$$d_2 < n \quad \text{und} \quad n - d_2 \geq 1$$

erhält. Das ergibt

$$\begin{aligned}
n \cdot d(n) - \sigma(n) &= k \cdot n - (d_1 + d_2 + \ldots + d_k) \\
&= (n - d_1) + (n - d_2) + \ldots + (n - d_k) \\
&\geq (n - d_1) + (n - d_2) + (n - d_k) \\
&\geq (n - 1) + 1 + 0 \\
&= n \\
&> \varphi(n)
\end{aligned}$$

womit die Ungültigkeit der Beziehung $n \cdot d(n) - \sigma(n) = \varphi(n)$ gezeigt ist. Aus diesem Widerspruch folgt, daß n prim sein muß. •

Das berühmteste Primzahlkriterium ist wahrscheinlich der Satz von Wilson:

n teilt $(n-1)! + 1$ genau dann, wenn n prim ist.

1965 erschien im AMM unter der Nummer E 1702 das folgende, von Douglas Lind, Falls Church (Virginia) gestellte Problem, das von Kenneth Kramer, Columbia College und Steven Minsker, Brooklyn College gelöst wurde:

Man zeige daß n die Zahl $N = \sum_{r=1}^{n-3} r \cdot (r!)$ genau dann teilt, wenn n prim ist.

Lösung

Es gilt $N = 1(1!) + 2(2!) + \ldots + [(n-3)(n-3)!]$. Aus $r(r!) = (r+1)r! - r! = (r+1)! - r!$ folgt

$$N = (2! - 1!) + (3! - 2!) + (4! - 3!) + \ldots + [(n-2)! - (n-3)!] =$$
$$= (n-2)! - 1.$$

Multipliziert man diese Gleichung mit $(n-1)$ und addiert dann n auf beiden Seiten, so erhält man

$$(n-1)N + n = (n-1)! + 1.$$

Der Wilsonsche Satz sagt, das n prim ist genau dann, wenn n Teiler ist von $(n-1)! + 1$; die obige Gleichung zeigt nun, daß das genau dann der Fall ist, wenn n Teiler von N ist, weil n und $n-1$ immer teilerfremd zueinander sind. ●

Problem 17

k-Haufen*

In einen Streifen S der Ebene werden Kreise mit Einheitsradius ohne Überlappung innerer Punkte gepackt. Die parallelen Begrenzungskanten von S sind um den Abstand w voneinander entfernt. Man sagt, daß die Kreise einen k-Haufen bilden, wenn jede Gerade durch S mindestens k dieser Kreise trifft. Man zeige, daß für einen 2-Haufen $w \geq 2 + \sqrt{3}$ gilt (Bild 21).

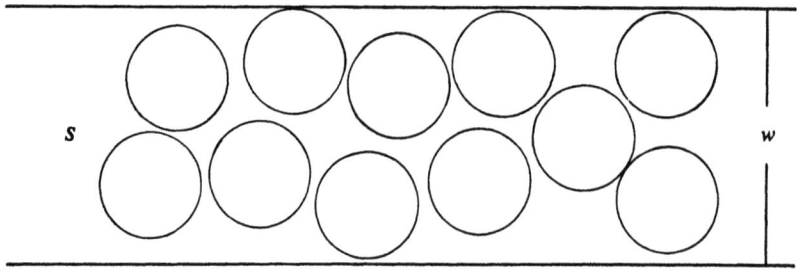

Bild 21

Lösung

Man legt durch den Mittelpunkt O eines Kreises C des 2-Haufens die Normale m auf die Begrenzungsgeraden von S (Bild 22). m muß noch einen weiteren Kreis, sagen wir A, treffen. Q sei der Fußpunkt des Lotes durch den Mittelpunkt P von A auf m. Da m den Kreis A

---

* AMM, 1966, Mathematical Notes, S. 404, Problem 5.

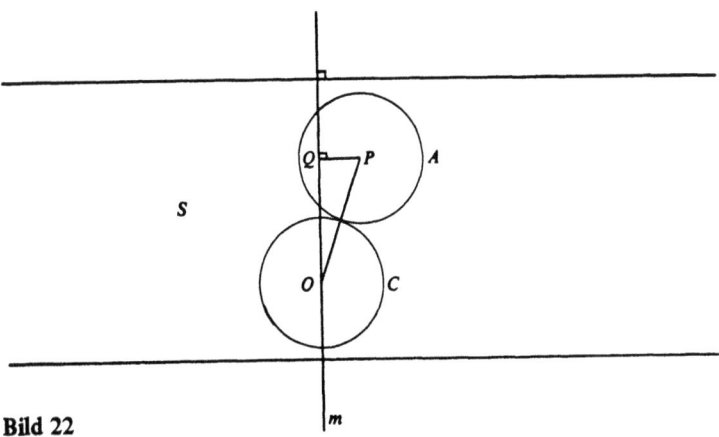

Bild 22

trifft, kann die Länge von PQ nicht größer sein als der Radius: PQ ≤ 1. Weil sich weiter C und A nicht überschneiden, gilt OP ≤ 2. Aus dem pythagoräischen Lehrsatz folgt

$$OQ = \sqrt{OP^2 - PQ^2} \geqslant \sqrt{2^2 - 1^2} = \sqrt{3}.$$

Weil auf jeder Seite von OQ mindestens noch eine Strecke der Länge 1 in S Platz haben muß, damit die Kreise C und A in diesem Streifen liegen können, gilt für Breite w des Streifens

$$w \geqslant 2 + OQ \geqslant 2 + \sqrt{3}. \bullet$$

Problem 18

Eine Summe minimaler Zahlen*

Es gibt n^k verschiedene k-tupel $(a_1, a_2, ..., a_k)$, wobei die a_i aus der Menge $\{1, 2, 3, ..., n\}$ stammen und Wiederholungen zugelassen sind. Zu jedem dieser k-tupel bestimmt man das minimale a_i. Man beweise das verblüffende Ergebnis, daß die Summe all dieser Minimalwerte gerade durch

$$1^k + 2^k + 3^k + ... n^k,$$

die Summe der k-ten Potenzen der ersten n natürlichen Zahlen, gegeben ist:

$$\sum \min\{a_1, a_2, ..., a_k\} = \sum_{m=1}^{n} m^k.$$

Lösung

Diese glänzende Lösung baut auf eine ganz primitive Notation auf, die normalerweise zu simpel ist, um von Nutzen zu sein. Beim Addieren einer Folge natürlicher Zahlen r_i kann man so vorgehen, daß man die Anzahl der Terme ≥ 1, ≥ 2 usw. bestimmt. Dann gilt

$\Sigma r_i =$ (Anzahl der Terme ≥ 1) + (Anzahl der Terme ≥ 2) + ...

---

* AMM, 1976, S. 61, Problem E 2507, gestellt von R. L. Graham, Bell Telephone Laboratories, Murray Hill, New Jersey, gelöst von Peter G. de Buda, Student, University of Toronto.

Dabei wird eine Zahl r r-Mal gezählt und trägt deshalb den richtigen Betrag zur Gesamtsumme bei. r = 3 zum Beispiel wird in

(Anzahl der Terme ≥ 1), (Anzahl der Terme ≥ 2) und
(Anzahl der Terme ≥ 3)

berücksichtigt und in keinem der weiteren Glieder. Diese Vorgangsweise ist gleichwertig damit, die Folge der Summationsglieder zu durchlaufen und dabei 1 aus jedem Glied herauszunehmen (solange das Glied noch etwas zu geben hat), wobei die Gesamtsummen bei diesen Durchläufen addiert werden. (Man betrachtet den Term r etwa als einen Haufen von r Streichhölzern.)

Es ist nun ziemlich einfach, die Zahl der Summationsglieder unserer Summe zu bestimmen, die nicht kleiner sind als die positive ganze Zahl t. Es gilt

$$\min \{a_1, ..., a_k\} \geq t$$

genau dann, wenn jedes a_i im k-tupel nicht kleiner als t ist. Die Anzahl dieser k-tupel ist gleich der k-tupel-Anzahl, die man erhält, wenn man die a_i der Menge $\{t, t+1, ..., n\}$ entnimmt. Für jedes a_i gibt es $(n - t + 1)$ Möglichkeiten; insgesamt also $(n - t + 1)^k$ k-tupel der gesuchten Art. Das liefert

(Anzahl der Terme $\geq t$) = $(n - t + 1)^k$,

was für unsere Summe folgendes ergibt:

$$\Sigma \min \{a_1, ..., a_k\} = \sum_{t=1}^{n} \text{(Anzahl der Terme} \geq t)$$

$$= \sum_{t=1}^{m} (n - t + 1)^k$$

$$= n^k + (n-1)^k + (n-2)^k + ... + 1^k \bullet$$

Professor Ivan Niven wies auf die folgende, hübsche Vervollständigung der obigen Schlußweise hin, ausgehend von dem Punkt, an dem gezeigt wurde, daß die Zahl der k-tupel mit einem Minimum $\geq t$ durch $(n - t + 1)^k$ gegeben ist. Aus dieser Formel folgt, daß es genau $(n - t)^k$ k-tupel mit Minimum $\geq t + 1$ gibt. Die Anzahl der k-tupel, deren Minimum genau t ist, ist somit $(n-t+1)^k - (n-t)^k$, wobei diese k-tupel den Term $t[(n-t+1)^k - (n-t)^k]$ zur gesuchten Summe beitragen. Addition der Terme für $t = 1, 2, \ldots n$ liefert für diese Summe der Wert

$$1[(n)^k - (n-1)^k] + 2[(n-1)^k - (n-2)^k] +$$
$$+ 3[(n-2)^k - (n-3)^k] + \ldots + n[1^k - 0^k] =$$
$$= n^k + (n-1)^k + (n-2)^k + \ldots + 1^k.$$

Der Leser möge sich übungsweise an der Bestimmung von $\Sigma \max\{a_1, \ldots, a_k\}$ versuchen.

Problem 19

Die drei letzten Stellen der Zahl 7^{9999} *

Was sind die drei letzten Stellen von 7^{9999}?

Lösung

Es ist $7^4 = 2401$. Das ergibt

$7^{4n} = (2401)^n = (1 + 2400)^n = 1 + n \cdot 24000 + \binom{n}{2} \cdot 2400^2 + \ldots$,

wobei alle Summanden vom dritten an auf mindestens 4 Nullen enden und deshalb keinen Einfluß auf die drei letzten Stellen der Summe haben. Diese Stellen sind durch $1 + n \cdot 2400 = 24 n \cdot 100 + 1$ bestimmt. Wenn m die letzte Stelle von 24 n ist, so gilt

$24 n \cdot 100 + 1 = (\ldots m) \cdot 100 + 1 = \ldots m\, 01$,

was auf m 01 endet.

Für n = 2499 endet 24 n auf 6, was bewirkt, daß

$7^{4n} = 7^{9996}$ auf 601 endet.

Aus $7^3 = 343$ folgt

$7^{9999} = 7^{9996} \cdot 7^3 = (\ldots 601)(343) = \ldots 143$,

wobei das die drei letzten Stellen der gegebenen Zahl sind, die man durch direkte Multiplikation aus der obigen Gleichung erhält. ●

---

* NMM, 1937–38, S. 415, Problem 216, gestellt von Victor Thébault, Le Mans, Frankreich, gelöst von D. P. Richardson, University of Arkansas.

Man hätte auch folgendermaßen vorgehen können. Im Falle $n = 2500$ endet $24\,n$ auf 0, weswegen $7^{4n} = 7^{10000}$ auf 001 endet. Es gilt daher

$$7^{10000} = \ldots 001 = \ldots 000 + 1 = 1000\,k + 1$$

mit einer ganzen Zahl k. Das kann man auch als $7^{10000} = 1000\,(k-1) + 1001$ schreiben. Division durch 7 ergibt

$$7^{9999} = \frac{1000\,(k-1)}{7} + 143$$

Weil rechts eine ganze Zahl steht, teilt 7 die Zahl $1000\,(k-1)$. 7 teilt nicht 1000, weswegen 7 ein Teiler von $k-1$ sein muß. Es gilt also mit einer ganzen Zahl q die Gleichung $7^{9999} = 1000\,q + 143$. Weil $1000\,q$ auf 000 endet, endet 7^{9999} auf 143.

Problem 20

Ein Würfelspiel*

Ein gewöhnlicher Würfel, der die Augenzahl 1, 2, 3, 4, 5 und 6 auf seinen Flächen trägt, wird so lange geworfen, bis zum ersten Mal die Gesamtpunktezahl größer als 12 ist. Was ist dann die wahrscheinliche Gesamtpunktezahl?

Lösung

Man betrachtet den Wurf vor dem letzten. Nach jenem muß die Punktezahl 12, 11, 10, 9, 8 oder 7 sein. Ist sie 12, so ist das Endergebnis 13, 14, 15, 16, 17 oder 18, wobei diese Ergebnisse alle gleichwahrscheinlich sind. Für 11 ist das Endergebnis eine der Zahlen zwischen 13 und 17, die wieder alle die gleiche Wahrscheinlichkeit haben. Analoges gilt für die übrigen Werte. 13 kommt in allen Fällen als eine der gleichwahrscheinlichen Möglichkeiten vor; 13 ist auch die einzige Zahl mit dieser Eigenschaft. Folglich ist 13 die Gesamtpunktezahl mit der größten Wahrscheinlichkeit. •

Im allgemeinen Fall zeigt man mit den gleichen Argumenten, daß die wahrscheinlichste Gesamtpunktezahl größer als n (n $\geqslant$ 6) gerade n + 1 ist.

---

* AMM, 1948, S. 98, Problem E 771, gestellt von C. C. Carter, Bluffs, Illinois, gelöst von N. J. Fine, University of Pennsylvania.

Problem 21

Der durchbohrte Würfel*

Ein fester Würfel C mit den Abmessungen 20 × 20 × 20 wird aus 2000 Blöcken der Dimension 2 × 2 × 1 aufgebaut. Man beweise, daß der Würfel längs einer Geraden senkrecht auf eine Seitenfläche durchbohrt werden kann, ohne daß dabei einer der Blöcke durchbohrt wird.

Lösung

Wir betrachten die 8000 Einheitswürfel in C; die Kanten der Einheitswürfel bilden auf jeder Seitenfläche von C ein 20 × 20-Gitter. Im Inneren einer Fläche liegen $19 \cdot 19 = 361$ Punkte dieses Gitters. Die 361 Geraden durch diese Punkte, senkrecht auf die Seitenfläche, verlaufen längs der Kanten der Einheitswürfelreihen zu den entsprechenden Punkten des Gitters auf der gegenüberliegenden Begrenzungsfläche. Insgesamt gibt es $3 \cdot 361 = 1083$ Geraden dieser Art, die das Innere von C durchdringen. L sei ein beliebiges Element dieser Menge von Geraden.

Die beiden Ebenen durch L parallel zu zwei Seitenflächen von C zerlegen C in vier quaderförmige Abschnitte, die alle L als Kante erhalten. A sei einer dieser Abschnitte (Bild 23). Weil eine der Dimensionen von A 20 ist (eine ganze Kante von C), enthält A eine gerade Anzahl von Einheitswürfeln. Ein 2 × 2 × 1-Block kann mit 1, 2 oder 4 seiner Einheitswürfel in A liegen, nicht aber mit genau 3 Würfeln.

---

* AMM, 1971, S. 801, Problem 5477, gestellt von Jan Mycielski, University of Colorado, gelöst von Bill Sands, University of Manitoba.

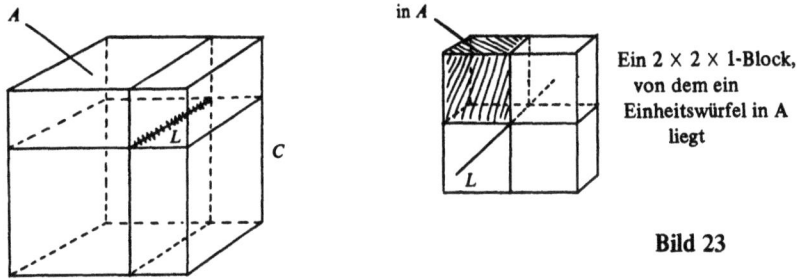

Bild 23

Alle Blöcke, die 2 oder 4 Einheitswürfel zum Volumen von A beitragen, liefern zusammen eine gerade Zahl von Einheitswürfeln in A. Folglich ist die Anzahl der Blöcke, die mit genau einem Einheitsquadrat in A liegen, gerade. Durch einen Block dieser Art läuft L genau in der Mitte längs der allen vier Würfeln des Blocks gemeinsamen Kante. Folglich durchbohrt L eine *gerade* Anzahl von Blöcken.

Ein gegebener Block kann nur von einer Geraden L durchbohrt werden. Genauer gesagt, jeder Block wird von einer und nur einer Geraden L getroffen, weswegen es genau 2000 solche Durchbohrungen gibt. Weil es 1083 Geraden L gibt, die alle eine gerade Anzahl von Blöcken durchbohren, können nicht alle diese Geraden 2 oder mehr Blöcke durchstoßen. Mindestens 83 Geraden L durchbohren überhaupt keinen Block. •

Problem 22

Doppelfolgen*

Für gewisse natürliche Zahlen n kann man Folgen der Länge n konstruieren, in denen jede der Zahlen 1, 2, 3, ..., n zweimal vorkommt, wobei die Zahl r das zweite Mal genau r Stellen hinter dem ersten Vorkommen dieser Zahl auftritt. Für n = 4 hat man zum Beispiel

4, 2, 3, 2, 4, 3, 1, 1.

Im Fall n = 5 ist

3, 5, 2, 3, 2, 4, 5, 1, 1, 4

eine solche Folge. Für n = 6 oder n = 7 gibt es keine Folge dieser Art. n = 8 ergibt die Folge

8, 6, 4, 2, 7, 2, 4, 6, 8, 3, 5, 7, 3, 1, 1, 5.

Man beweise, daß eine solche Folge höchstens für $n \equiv 0 \pmod 4$ oder $n \equiv 1 \pmod 4$ existiert.

Lösung

Die Positionen in einer Folge dieser Art seien mit 1, 2, 3, ..., 2n bezeichnet. 1 trete das erste Mal an der Stelle p_1, 2 das erste Mal an der Stelle p_2 auf, usw. 1 tritt also zum zweitenmal in Position $p_1 + 1$ auf, 2 in Position $p_2 + 2$, usw. Die Summe der Positonszahlen ist dann einerseits

$1 + 2 + 3 + ... + 2n$

---

* AMM, 1967, S. 591, Problem E 1845, gestellt von R. S. Nickerson, Hanscom Field, Bedford, Massachusetts, gelöst von D. C. B. Marsh, Colorado School of Mines.

und andererseits

$(p_1 + p_1 + 1) + (p_2 + p_2 + 2) + \ldots + (p_n + p_n + n).$

Das ergibt die Gleichung

$$\frac{2n(2n+1)}{2} = 2(p_1 + p_2 + \ldots p_n) + \frac{n(n+1)}{2}.$$

Mit $P = p_1 + p_2 + \ldots + p_n$ geht dies über in

$$\frac{2n(2n+1)}{2} = 2P + \frac{n(n+1)}{2}$$

was für P die Beziehung

$$P = \frac{2n(2n+1) - n(n+1)}{4} = \frac{3n^2 + n}{4} = \frac{n(3n+1)}{4}$$

liefert. P ist eine ganze Zahl, folglich muß $n(3n+1)$ durch 4 teilbar sein. Für $n \equiv 2 \pmod{4}$ und $n \equiv 3 \pmod{4}$ gilt $n(3n+1) \equiv 2 \pmod{4}$, ein Widerspruch. Folglich gilt $n \equiv 0 \pmod{4}$ oder $n \equiv 1 \pmod{4}$. •

In seiner Lösung (vgl. Fußnote) beweist D. C. B. Marsh, daß für $n \equiv 0 \pmod{4}$ und $n \equiv 1 \pmod{4}$ tatsächlich eine Folge mit der gewünschten Eigenschaft existiert.

Nun betrachten wir das Nebenproblem der Bestimmung der Anzahl aller Anordnungen der Zahlen 1, 2, ..., n in einer Reihe, so daß — abgesehen von der beliebigen Wahl der *ersten* Zahl — die Zahl k stets hinter k − 1 oder hinter k + 1 steht. Zum Beispiel sind im Falle n = 6 folgende Anordnungen zulässig:

4 3 5 2 6 1   und   3 4 2 1 5 6.

Lösung

Die erste Zahl sei r. Dadurch werden die verbleibenden n − 1 Zahlen in zwei Klassen zerlegt:

$A = \{1, 2, \ldots, r-1\}$ und $B = \{r+1, r+2, \ldots, n\}.$

Die Bildungsvorschrift der Folge, die verlangt, daß k − 1 oder k + 1 vor k kommt, bewirkt, daß A in der Folge in fallender Anordnung und B in steigender Anordnung vorkommt. Zum Besipiel ist klar, daß die erste Zahl aus B hinter r nicht r + 2 sein kann, da vor r + 2 dann weder r + 1 noch r + 3 liegt. Durch ganz ähnliche Überlegungen erkennt man, daß auch keine der Zahlen r + 3, r + 4, ..., n die erste Zahl von B hinter r sein kann. Durch wiederholte Anwendung desselben Argumentes zeigt man dann, daß die Elemente von B in der Anordnung r + 1, r + 2, ..., n auftreten. Ähnlich führt man die Überlegungen A betreffend durch.

Solange die Elemente von A und B ihre natürliche Anordnung beibehalten, ist es einerlei, wie diese Klassen ineinander verzahnt sind. Zum Beispiel kann r + 1 gleich nach r kommen oder erst, nachdem r − 1 und r − 2 eingefügt worden sind. Folglich gibt es so viele Anordnungen der gesuchten Art, wie es Möglichkeiten gibt, r − 1 Stellen aus den insgesamt n − 1 Stellen für die r − 1 Elemente von A auszuwählen, nämlich gerade $\binom{n-1}{r-1}$. Die in ihrer natürlichen Reihenfolge erscheinenden Elemente von B passen dann von selbst in die Leerstellen. r kann die Werte 1, 2, ..., n annehmen, weswegen die gesuchte Gesamtzahl möglicher Anordnungen gegeben ist durch

$$\binom{n-1}{0} + \binom{n-1}{1} + \binom{n-1}{2} + \ldots + \binom{n-1}{n-1} = (1+1)^{n-1} =$$
$$= 2^{n-1} \bullet$$

Problem 23

Punkttrennende Kreise*

Gegeben sind 2 n + 3 Punkte der Ebene, von denen keine drei auf einer Geraden und keine vier auf einem Kreis liegen. Man beweise, daß es immer möglich ist, einen Kreis zu finden, der durch genau drei der gegebenen Punkte geht und die Menge der übrigen halbiert, d. h. daß dieser Kreis genau n der Punkte im Inneren und die restlichen n im Äußeren enthält.

Lösung I (von Murray Klamkin, University of Waterloo):

A und B seien zwei benachbarte Ecken der konvexen Hülle H der gegebenen Punktmenge T (Bild 24) (Siehe Problem 11, Seite 22, für die Definition der konvexen Hülle.) Weil keine drei Punkte von T auf einer Geraden liegen, ist die Strecke zwischen A und B frei von Punkten auf T. C' sei ein großer Kreis durch A und B, dessen Mittelpunkt O außerhalb von H liegt. Das Segment AXB von C' im Inneren von H kann Punkte von T enthalten. Vergrößert man aber C', so kommt dabei der Bogen AXB der Strecke AB beliebig nahe. Bei dieser Vergrößerung von C' wird das Segment AXB immer mehr der (endlich vielen) Punkte von T verlieren. Es existieren also beliebig viele Kreise durch A und B, die keine anderen Punkte von T enthalten. C sei ein solcher Kreis und O sein Mittelpunkt.

Wir haben also einen Kreis, der durch genau zwei Punkte — A und B — von T geht und keine Punkte von T in seinem Inneren ent-

---

* Dieses Problem stammt von einem 1962 in China abgehaltenen Mathematikerwettbewerb; vgl. AMM, 1972, S. 898, *The Chinese Mathematical Olympiads*, Frank Swetz, Pennsylvania State College.

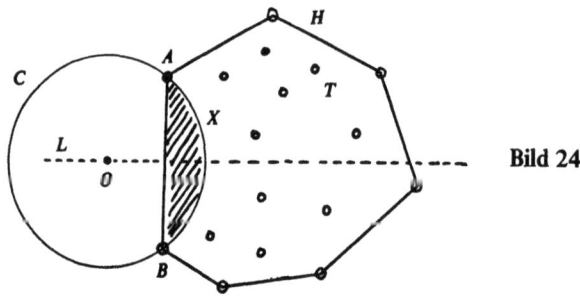

Bild 24

hält. Nun verändern wir den Kreis C in einer solchen Weise, daß sich sein Mittelpunkt O entlang der Mittelsenkrechten L der Strecke AB auf diese Strecke hinbewegt, wobei der Radius immer so sein soll, daß C immer noch durch A und B geht. Dabei vergrößert sich das Segment AXB und überdeckt immer mehr Teile von H. Überschreitet O die Strecke AB, so wird AXB zum größeren der beiden durch A und B bestimmten Segmente von C und überdeckt im Laufe dieses Prozesses einmal die ganze konvexe Hülle H und daher auch T. Weil keine vier Punkte von T auf einem Kreis liegen, „schluckt" AXB die Punkte von T einzeln. Liegt der $(n + 1)$-te Punkt K auf dem Kreisrand, so enthält C genau n Punkte im Inneren und die drei Punkte A, B und K auf dem Rand. Die restlichen n Punkte von T liegen immer noch im Äußeren von C, woraus sich die Behauptung ergibt. •

Lösung II (von L. J. Dickey, University of Waterloo):

O sei ein beliebiger der gegebenen Punkte, R ein beliebiger Kreis mit Mittelpunkt O. Die gegebenen Punkte unterwerfen wir nun einer Kreisspiegelung an R. (Man findet eine Darstellung des Themas Kreisspiegelung in der unten angegebenen Literatur.) Der Mittelpunkt O geht dabei in den unendlich-fernen Punkt über, womit wir eine Menge S von $2n + 2$ Bildpunkten im Endlichen erhalten (Bild 25). t sei eine Gerade mit der Eigenschaft, daß alle Punkte von S auf einer Seite von t liegen; diese Gerade bewegt man nun in Richtung von S bis sie zum ersten Mal diese Menge — im Punkt A' — berührt.

(Anders gesagt: A' ist eine Ecke der konvexen Hülle von S und t eine Gerade durch A', die mit der Hülle nur A' gemeinsam hat.) Eine der durch A' bestimmten Halbgeraden von t überstreiche bei Drehung um A' die Menge S. Wir werden später zeigen, daß dabei der sich drehende Halbstrahl die Punkte von S einzeln trifft. Folglich gibt es eine Lage des Halbstrahles, bei der dieser einen Bildpunkt B' enthält, wobei links und rechts von der Geraden A'B' genau n Punkte liegen.

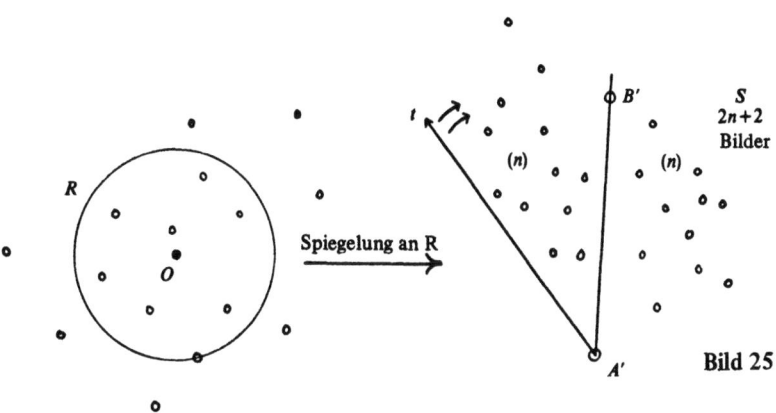

Bild 25

Die Punkte A, B der Ausgangsmenge seien die Urbilder von A' und B'. Dann ist es nicht möglich, daß A'B' durch den Mittelpunkt O des Spiegelkreises geht, da sonst A, B und O auf einer Geraden lägen (Widerspruch). Das Urbild der Geraden A'B' ist also ein Kreis K durch O (Bild 26). K geht also durch die drei Punkte A, B und O der ursprünglichen Menge. Weil bei der Rücktransformation der Punkte von S in die Ausgangslage alle Bilder, die auf einer Seite von A'B' liegen, ins Innere von K abgebildet werden und die auf der anderen Seite liegenden Bilder dabei im Äußeren von K zu liegen kommen, hat K die gewünschten Eigenschaften. (Die Tangente durch O an K ist zu A'B' parallel.)

Damit haben wir nicht nur das Problem gelöst, sondern auch erkannt, daß es zu jedem Punkt O der gegebenen Menge einen Kreis gibt, der Lösung der Aufgabe ist. Von diesen (2n + 3) Kreisen kön-

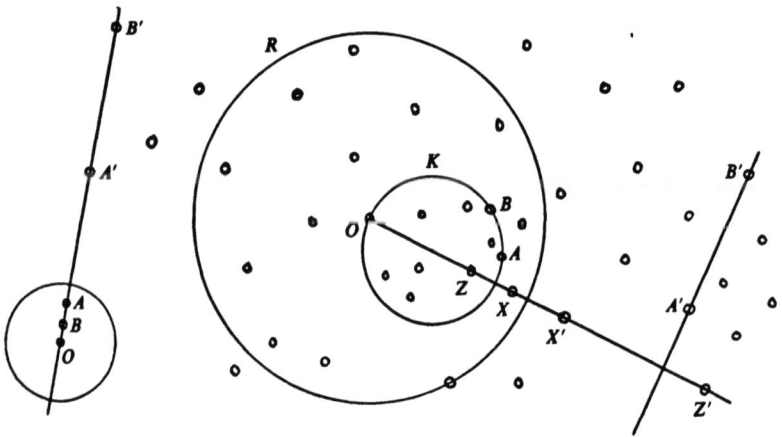

Bild 26

nen höchstens (2 n + 3)/3 voneinander verschieden sein, weil ein Kreis durch O, A und B dreimal gezählt werden kann. (Da keine vier Punkte der Menge auf einem Kreis liegen, kann keiner der (2 n + 3) Lösungskreise öfter als drei Mal zählen.) Es ist aber sehr wohl möglich, daß durch einen Punkt mehrere Lösungskreise gehen.

Zum Abschluß gehen wir auf die oben aufgestellte Behauptung ein, daß beim Überstreichen von S der Halbstrahl von t die Bilder in S einzeln trifft. Zunächst erkennt man wie vorhin, daß, wenn ein Bildpunkt C' auf dem Halbstrahl liegt, dieser nicht auch noch durch O gehen kann (da sonst O und die Urbilder C und A auf einer Geraden lägen). Wenn nun zwei (oder mehr) Bilder — C' und D' — gleichzeitig auf dem Halbstrahl lägen, würde das Urbild der Geraden A'C'D' ein Kreis durch O sein (weil A'C'D' nicht durch O geht), der die vier gegebenen Punkte O, A, C und D enthält (Widerspruch). •

Literatur

Coxeter und Greitzer, Geometry Revisited, vol. 19, New Mathematical Library, Math. Assoc. of America, S. 108 ff.

Problem 24

Über die Längen der Seiten eines Dreiecks*

Sind a, b und c Seitenlängen eines Dreieckes, so ist zu beweisen, daß für n = 2, 3, 4 ... auch $\sqrt[n]{a}$, $\sqrt[n]{b}$ und $\sqrt[n]{c}$ als Seitenlängen eines solchen möglich sind.

Lösung

Sind a, b, c Seiten eines Dreiecks, so folgen aus der Dreiecksungleichung

a + b > c

und zwei entsprechende weitere Ungleichungen. Das liefert

$(\sqrt[n]{a} + \sqrt[n]{b})^n > a + b > c = (\sqrt[n]{c})^n$,

woraus

$\sqrt[n]{a} + \sqrt[n]{b} > \sqrt[n]{c}$

folgt. Die beiden weiteren Ungleichungen für $\sqrt[n]{a}$, $\sqrt[n]{b}$ und $\sqrt[n]{c}$ beweist man analog, woraus die Behauptung folgt. •

---

* AMM, 1960, S. 82, Problem E 1366, gestellt von V. E. Hogatt, Jr., gelöst von R. T. Hood, Ohio University.

Problem 25

Keine Analysis, bitte!

1952 veröffentlichten J. H. Butchart und Leo Moser die außergewöhnliche Arbeit *No Calculus Please* in der beliebten Zeitschrift Scripta Mathematica, S. 221–236. Hier gehen wir auf einige der dort dargestellten geistreichen Alternativen zur üblichen Behandlung einiger Aufgaben mit Mitteln der Differential- und Integralrechnung ein.

(i) Unsere erste Aufgabe ist die Bestimmung des Volumens des Schnittes zweier gerader Kreiszylinder vom Radius a, wenn sich die beiden Zylinder im rechten Winkel schneiden (was nichts anderes heißt, als daß sich die Mittelachsen der Zylinder im rechten Winkel schneiden). Man muß doch einige Zeit nachdenken, um ein richtiges Bild von diesem Schnittkörper R zu bekommen. In Richtung des einen Zylinders sieht R kreisförmig aus, wobei er so gekrümmt ist wie der Zylinder, aus dem der ausgeschnitten worden ist. Die obere Hälfte von R ist in Bild 27 abgebildet. Das Volumen von R ist einfach zu bestimmen, wenn man diesen Körper mit der eingeschriebenen Kugel vergleicht. Offensichtlich kann eine Kugel vom Radius a in beiden Zylindern rollen; sie ist die dem Durchschnitt eingeschriebene Kugel.

Wegen der vierfachen Symmetrie der Figur R ist jeder Schnitt durch R, der parallel zur Basis ABCD verläuft, quadratisch. Der entsprechende Schnitt durch die eingeschriebene Kugel S ist ein Kreis, der den Schnitt von R tangential berührt. Das Verhältnis der Quadratfläche zu der des eingeschriebenen Kreises ist

$$\frac{(2r)^2}{\pi r^2} = \frac{4}{\pi}.$$

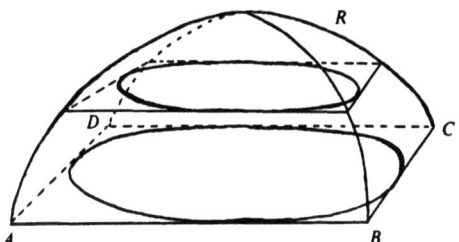

Bild 27

Summiert man über die Schnitte aller Höhen, so ergibt sich, daß das Volumen von R das $\frac{4}{\pi}$-fache des Volumens von S ist. Folglich gilt

Volumen von R = $\frac{4}{\pi} \cdot \left(\frac{4}{3} \pi a^3\right) = \frac{16}{3} a^3$.

Eine strenge Begründung der Gleichung R = 4 S/π würde natürlich auch die Argumente aus der Analysis verwenden, die man gerade vermeiden wollte. Bei einem Problem der obigen Art gibt es aber keine Möglichkeit den Begriff des Grenzwertes zu umgehen. Nichtsdestoweniger ist der Vergleich von R mit S sehr geistreich und befriedigend, noch dazu, weil er streng begründet werden kann.

(ii) Eine zweite kluge Idee betrifft die Bestimmung der Strecke L durch einen festen Punkt P im Inneren einer konvexen Kurve C, die von C eine Fläche minimalen Inhalts abschneidet. Liegt P nicht im Mittelpunkt von L, so bewirkt eine kleine Drehung geeigneter Richtung von L um P, daß die ausgeschnittene Fläche auf einer Seite ein größeres Stück verliert als auf der anderen Seite dazukommt; daher ist die Fläche dann nicht minimal (Bild 28). Das ist eine alte Idee, die in vielen Situationen anwendbar ist.

Eine anziehende Anwendung dieser Begriffe liefert unmittelbar die Lösung der Aufgabe, zwei Ordinaten an die Kurve y = e^x/x eine Einheit voneinander entfernt so zu legen, daß die dadurch unter der Kurve bestimmte Fläche minimal wird. Sind die beiden Ordinaten nicht einander gleich, so bewirkt eine leichte Verschiebung in Rich-

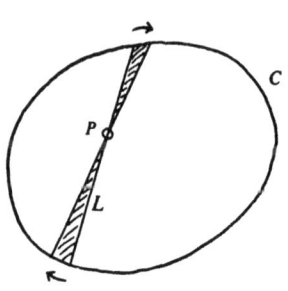 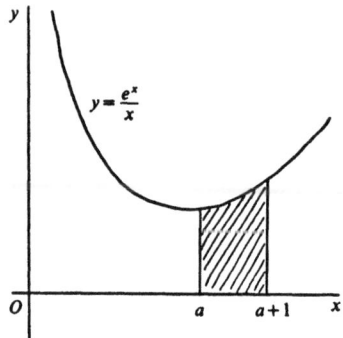

Bild 28

tung gleicher Längen ein besseres Ergebnis. Im Falle minimaler Fläche gilt also für eine reelle Zahl a die Gleichung

$$\frac{e^a}{a} = \frac{e^{a+1}}{a+1},$$

woraus

$$a = \frac{1}{e-1} \quad \text{folgt.}$$

(iii) Moser und Butchard beuten geschickt das klassische isoperimetrische Ergebnis aus, daß von allen einfachen n-Ecken gegebenen Umfanges L das reguläre den größten Inhalt hat („einfach" bedeutet, daß keine Selbstüberschneidungen vorkommen). Ein hübscher neuer Beweis dafür wurde unter der nicht ungewöhnlichen Voraussetzung der Existenz eines solchen maximalen n-Eckes vom verstorbenen Richard De Mar (University of Cincinnati) in seiner hervorragenden Arbeit *A Simple Approach to Isoperimetric Problems in the Plane*, Mathematics Magazine, 1975, S. 1—12 (besonders S. 4—6) angegeben. Er betrachtet die beiden Eigenschaften der Regularität — (1) gleichlange Seiten und (2) gleichgroße Winkel — getrennt voneinander. Diese Fälle kann man ähnlich behandeln mit Hilfe einer Beweisführung, die wir durch Darstellung von Punkt (1) beleuchten wollen.

Es sei K = ABCD ... ein einfaches n-Eck, das nicht gleichseitig ist (Bild 29). In diesem Fall gibt es zwei aufeinanderfolgende, nicht gleichlange Seiten. Es möge AB > BC sein. X liege zwischen A und B und erfülle BX > BC. Der Winkel u = ∢ BCX ist dann größer als v = ∢ BXC. Nun schneiden wir das Dreieck BCX ab und drehen es um, so daß X und C vertauscht werden. Dabei entsteht ein neues Polygon K'. Wegen u > v ist der Winkel in X nun größer als ein rechter und K' nicht konvex. K' ist kein n-Eck, sondern ein (n + 1)-Eck. Weil K' aber nicht konvex ist, kann es leicht in ein n-Eck verwandelt werden, wobei auch die Fläche zunimmt. Durch Verbinden von B' — der neuen Lage von B — mit A ergibt sich ein n-Eck mit größerem Inhalt und einem Umfang, der sogar kleiner geworden ist. Eine Streckung der Figur ergibt ein n-Eck mit Umfang L, wobei der Inhalt noch größer wird, weswegen K noch nicht maximale Fläche haben kann.

Wir setzen nun diesen isoperimetrischen Satz voraus und wollen sehen, wie Butchard und Moser ihn auf die alte Aufgabe anwenden, die Fläche eines rechteckigen Gebietes zu maximieren, das auf einer Seite von einer festen Wand begrenzt ist. Die übrigen drei Seiten sollen von einem Zaun der festen Gesamtlänge L gebildet werden. Ist ABCD eine Umzäunung dieser Art, so hat das Viereck B'BCC', das man durch Spiegelung des Rechteckes an der Wand erhält, den konstanten Umfang 2L (Bild 30). Dieses Viereck hat also maximalen Inhalt, wenn es regulär ist, was bedeutet, daß es ein Quadrat sein muß. Folglich muß für die maximale „Hälfte" ABCD gelten, daß sie doppelt so lang wie breit ist. Das ist die Lösung der Aufgabe.

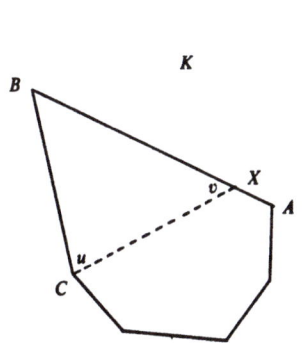
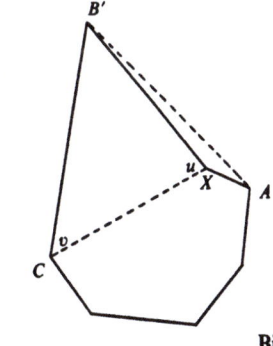

Bild 29

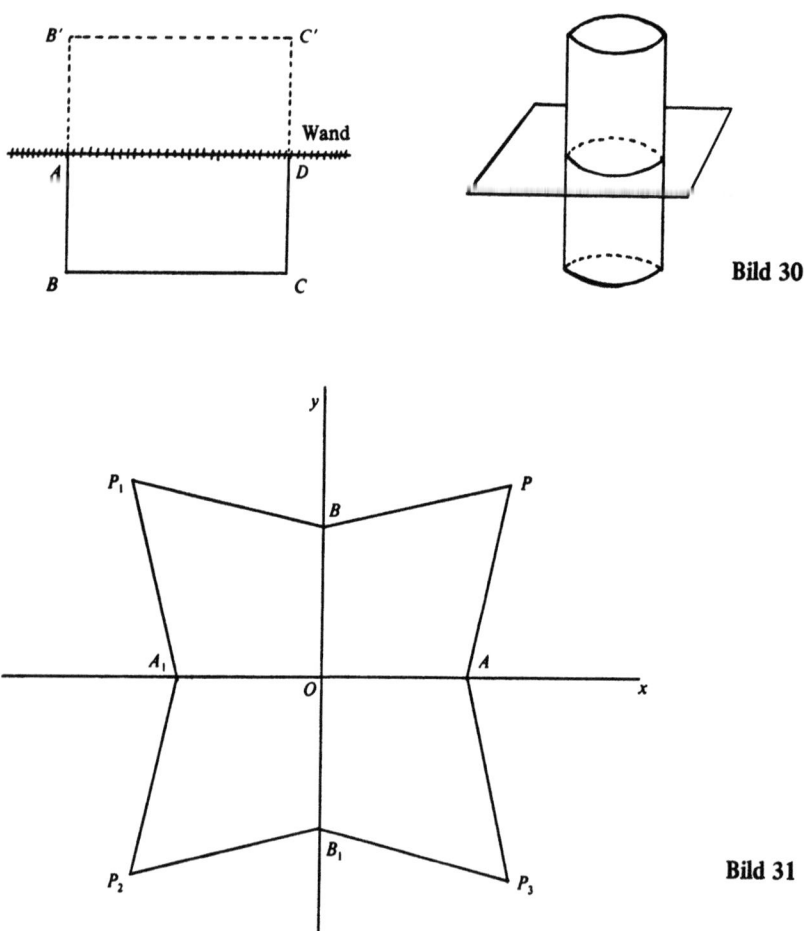

Bild 30

Bild 31

Ein ähnliches Problem ist die Bestimmung der Dose maximalen Inhalts bei gegebener Oberfläche. Ist die Lösung bekannt in einem der Fälle „mit Deckel" oder „ohne Deckel", so kann man die Lösung im jeweils anderen Fall leicht finden. Das Spiegeln einer offenen Dose an der oberen Begrenzungsfläche liefert eine geschlossene Dose, die ebenfalls maximalen Inhalt haben muß. Wie das Verhältnis h/r von Höhe zu Radius daher auch sein mag, so erkennt man, daß es im Fall einer Dose „mit Deckel" das Zweifache des Verhältnisses im Falle der Dose „ohne Deckel" betragen muß.

(iv) Abschließende Anwendung dieses isoperimetrischen Ergebnisses ist eine zweite Lösung von Problem 7, Seite 14:

Ecke und Wände des Raumes seien Ursprung und Achsen eines rechtwinkligen Koordinatensystems. Wir spiegeln die Wandschirme an den Achsen und erhalten das Achteck $PBP_1A_1P_2B_1P_3A$ (Bild 31). Für jede Lage der Wandschirme hat das Achteck den Umfang $8 \cdot 4 = 32$ Meter. Die Lösung fließt jetzt schnell aus der Erkenntnis, daß die maximale Fläche in der Ecke einem Achteck maximaler Fläche entspricht. Dieses ist das regelmäßige Achteck, dessen Winkel durch $\frac{1}{8}(8-2) \cdot 180° = 135°$ gegeben sind. Daraus leitet man leicht die notwendigen Einzelheiten für die Konstruktion ab.

Problem 26

a^b und b^a *

Oft ist es einfach zu entscheiden, welche von den Zahlen a^b und b^a größer als die andere ist. Es ist klar, daß

$$2^3 < 3^2 \quad \text{und} \quad 3^4 > 4^3$$

gilt. Nimmt man aber eine Zahl zwischen 2 und 3 und eine zwischen 3 und 4, so können Schwierigkeiten auftreten. Welche Zahl ist größer:

$$e^\pi \quad \text{oder} \quad \pi^e ?$$

Lösung

Für positive x gilt

$$e^x = 1 + x + \frac{x^2}{2!} + \dots$$

Aus $\pi > e$ folgt $\pi/e > 1$ und $x = (\pi/e) - 1 > 0$. Das ergibt

$$e^{(\pi/e) - 1} > 1 + (\pi/e - 1)$$

$$\frac{e^{(\pi/e)}}{e} > \frac{\pi}{e}$$

$$e^{(\pi/e)} > \pi$$

$$e^\pi > \pi^e. \quad \bullet$$

---

* Two-Year College Mathematics Journal, Vol. 6, Mai 1975, S. 45, *Two More Proofs of a Familiar Inequality* von Erwin Just und Norman Schaumberger, Bronx Community College.

Es ist eine einfache Übung in Analysis zu zeigen, daß die Funktion $e^x - 1 - x$ ihr Minimum in $x = 0$ — und nur dort — annimmt. Für alle reellen x gilt daher $e^x \geq 1 + x$.

Unter Verwendung dieser Beziehung konstruierte Georg Pólya den folgenden schönen Beweis der bekannten Ungleichung zwischen arithmetischem und geometrischem Mittel. $a_1, a_2, ..., a_n$ seien positive reelle Zahlen und A und G seien das arithmetische und geometrische Mittel dieser Zahlen. Das bedeutet

$$A = \frac{1}{n}(a_1 + a_2 + ... + a_n), \quad G = (a_1 a_2 ... a_n)^{1/n}.$$

Nimmt x die Werte $(a_i/A) - 1$, $i = 1, 2, ..., n$ an, so erhält man die n Ungleichungen

$$e^{(a_1/A) - 1} \geq \frac{a_1}{A}$$

$$e^{(a_2/A) - 1} \geq \frac{a_2}{A}$$

$$\ldots\ldots\ldots\ldots\ldots\ldots$$

$$e^{(a_n/A) - 1} \geq \frac{a_n}{A}.$$

Durch Multiplikation dieser Relationen ergibt sich

$$e^{\frac{a_1 + a_2 + ... + a_n}{A} - n} \geq \frac{a_1 a_2 ... a_n}{A^n}$$

oder

$$e^{n - n} \geq \frac{G^n}{A^n} \quad \text{bzw.} \quad 1 \geq \frac{G^n}{A^n}$$

woraus $A \geq G$ folgt.

Es gilt daher $A = G$ nur, wenn in allen der n obigen Ungleichungen Gleichheit eintritt. Das ist nur für $a_i/A - 1 = 0$, $i = 1, 2, ..., n$ möglich, also für $a_1 = a_2 = ... = a_n$ ($= A$).

Problem 27

Eine mathematische Scherzfrage*

Jemand kauft in einem Postamt einige Briefmarken zu 1 Cent, drei Viertel so viele Briefmarken zu 2 Cent und drei Viertel so viele Marken zu 5 Cent wie Marken zu 2 Cent, sowie 5 zu 8 Cent. Er bezahlt mit einer einzigen Banknote und erhält kein Wechselgeld zurück. Wieviele Marken jeder Sorte hat er gekauft?

Lösung

y sei die Anzahl der gekauften 1-Cent-Marken. Dann hat der Käufer 3 y/4 2-Cent-Marken gekauft und 9 y/16 Marken zu 5 Cent. Weil daher 9 y/16 eine ganze Zahl ist, muß 16 ein Teiler von y sein. Es gibt also eine ganze Zahl x mit y = 16 x. Daher wurden 16 x Marken zu 1 Cent, 12 x zu 2 Cent, 9 x zu 5 Cent und 5 zu 8 Cent gekauft. Die Bezahlung sei durch eine k-Dollar-Note erfolgt. Die Gesamtkosten aller Briefmarken ist durch

$$16 x + 2(12 x) + 5(9 x) + 8(5) = 100 k$$

gegeben, was die Gleichung

$$85 x + 40 = 100 k \quad \text{oder} \quad 17 x = 20 k - 8$$

ergibt. Für x bedeutet das

$$x = \frac{20 k - 8}{17} = k + \frac{3 k - 8}{17}.$$

---

* AMM, 1936, S. 48, Problem E 163, gestellt von W. A. Carver, Lakewood, Ohio, gelöst von C. C. Richtmeyer, Mt. Pleasant, Michigan.

Weil x und k ganzzahlig sind, muß $\frac{3k-8}{17}$ eine ganze Zahl sein. k aber ist einer der Zahlen 1, 2, 5, 10, 50, 100, 1000 oder 10 000. Der einzige Wert von k, für den $(3k-8)/7$ ganz ist, ist k = 1000, woraus sich ergibt, daß der Käufer

18816 Marken zu 1 Cent
14112 Marken zu 2 Cent
10594 Marken zu 5 Cent   und
    5 Marken zu 8 Cent

erworben hat. ●

Problem 28

Landkarten auf der Kugel*

Wir betrachten eine Landkarte M auf einer Kugel. In jeder Ecke von M sollen genau drei Länder zusammenstoßen. Keine Grenzlinie sei eine Schlinge (d. h., jede Grenzlinie enthalte mindestens zwei Eckpunkte). Die Landkarte wird mit den Farben A, B, C und D gefärbt, so daß aneinander grenzende Länder verschiedene Farben tragen. „Land" ist dabei jedes Gebiet der Karte; es ist egal, ob es wirklich ein Land ist oder eine Wasserfläche.

Ein Land heißt gerade (ungerade), wenn die Zahl der Bogen, aus denen seine Grenze besteht, gerade (ungerade) ist. Man beweise, daß die Gesamtzahl aller ungeraden Länder, die mit einer von zwei festen Farben — z. B. entweder mit A oder mit B — gefärbt sind, gerade ist.

Lösung

Es zeigt sich, daß die Frage sehr kompliziert ist, weil wir, sogar mit dem Wissen, daß ein Land in der Farbe A erscheint, nicht sagen können, ob es zu der gesuchten Anzahl beiträgt, bis wir nicht herausgefunden haben, ob dieses Land gerade oder ungerade ist. Die im folgenden erwähnte hervorragende Bezeichnungsweise kommt uns zu Hilfe. Jede Ecke V wird in ein kleines Dreieck eingeschlossen wie Bild 32 zeigt (die Ecke V und ein kleines Stück jedes nach V laufenden Bogens werden ausgelöscht; die losen Enden werden zu einem Dreieck verbunden). Dabei entsteht in jeder Ecke ein neues dreiecki-

---

* AMM, 1966, S. 204, Problem E 1756, gestellt von J. P. Ballantine, University of Washington, gelöst von Agnis Kaugars, Kalamazoo College.

ges Land und insgesamt eine neue Karte M'. Obwohl drei der vier Farben in V zusammentreffen, ist noch eine vierte frei als Farbe für das Dreieck. Man kann also diese Dreiecke in Übereinstimmung mit der Vorschrift färben, daß aneinander grenzende Länder verschiedene Farben tragen. Außerdem treffen immer noch genau drei Länder in jeder Ecke von M' aufeinander.

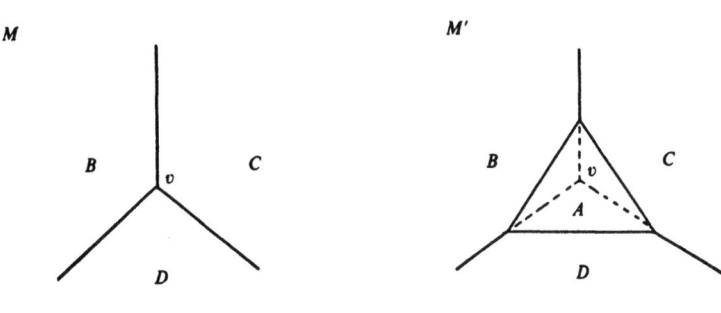

Bild 32

Die Konstruktion von M' hat eine zweifache Auswirkung. Eine Kante eines neuen Dreiecks ist auch neue Kante eines alten Landes, wobei dieses also von einem geraden (ungeraden) zu einem ungeraden (geraden) wird. Durch das neue Dreieck in einer Ecke V ändert sich die Zahl der ungeraden Länder, gefärbt in einer der drei in V zusammenstoßenden Farben, um 1 (die Anzahl kann um 1 größer oder auch kleiner werden). Weil das neue Dreieck selbst ungerade ist — gefärbt in der vierten, noch verbliebenen Farbe — ändert sich die Anzahl der ungeraden Länder um 1 für jede der vier Farben. Für ein Paar von Farben ist die Gesamtänderung der Zahl der in diesen Farben gefärbten, ungeraden Länder 2, 0 oder − 2, was davon abhängt, ob die einzelnen Änderungen hinauf oder hinab gehen. In jedem Fall ist die Gesamtänderung gerade. Folglich sind die alte und die neue Anzahl der ungeraden, in den Farben A oder B gefärbten Länder beide gerade oder beide ungerade. Das bleibt auch bestehen, wenn man die Änderung in allen Ecken durchführt. Nach der Konstruktion von

M' ist also die Anzahl der ungeraden mit A oder B gefärbten Länder gerade bzw. ungerade, wenn diese Zahl in M gerade bzw. ungerade gewesen ist. Wir erhalten also unsere Information aus M' allein.

Bei der Konstruktion von M' verdoppelt sich die Zahl der Kanten, die Berandung eines Landes in M gewesen sind. Die ursprünglichen Länder von M sind folglich in M' gerade. Nur die neu hinzugekommenen Dreiecke sind ungerade. Wir wollen zeigen, daß die Zahl der neuen Dreiecke in M', die die Farbe A oder B haben, gerade ist.

Wir müssen dazu die kleinen Dreiecke nicht wirklich einzeichnen. Da sie die Farbe haben, die in der Ecke V nicht vorkommt, erhalten wir eine gleichwertige Situation, wenn wir jede Ecke in M mit der Farbe bezeichnen, die dort nicht vorkommt. Das wollen wir uns durchgeführt denken. Wir werden zeigen, daß die Gesamtzahl aller mit A oder B bezeichneten Ecken gerade ist.

Zu diesem Zweck betrachtet man einen Bogen, der zwei mit C und D gefärbte Länder trennt. Die Ecken an den Enden einer solchen „Trennlinie" können nicht eine der Bezeichnungen C oder D tragen, da diese Farben in jeder dieser Ecken vorkommen (Bild 33). Diese „Endecken" des Bogens sind also mit A oder B bezeichnet. Wenn andererseits eine Ecke die Bezeichnung A oder B trägt, dann müssen C und D unter den Farben der Länder sein, die in dieser Ecke zusammenstoßen. Folglich ist eine der Kanten, auf denen die Ecke liegt, eine Trennlinie. Daraus ergibt sich, daß beide Ecken einer Trennlinie mit A oder B bezeichnet sind und daß die Trennlinien für alle mit A oder B bezeichneten Ecken zuständig sind.

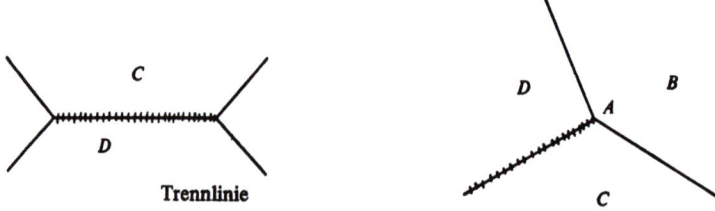

Bild 33

Unsere Beweiskette endet mit dem Nachweis, daß keine zwei Trennlinien eine Ecke gemeinsam haben. Das aber ist unmittelbar klar. Angenommen nämlich, zwei Trennlinien haben eine Ecke (der Farbe A) gemeinsam. Dann sind die drei Länder, die in dieser Ecke aufeinanderstoßen in den Farben B, C und D gefärbt. Die Kante zwischen dem B-Land und C-Land ist keine Trennlinie; auch die zwischen B- und D-Land ist keine. Folglich ist höchstens eine der Kanten durch die mit A bezeichnete Ecke Trennlinie.

Das bedeutet, daß die Trennlinien getrennt voneinander verlaufen. Die mit A oder B bezeichneten Ecken lassen sich also zu Paaren zusammenfassen, weswegen ihre Gesamtzahl gerade ist. •

Problem 29

Konvexe Gebiete der Ebene*

Man beweise, daß jedes abgeschlossene, konvexe Gebiet der Ebene mit Flächeninhalt π (oder mehr) zwei Punkte enthält, die im Abstand 2 voneinander liegen (Bild 34).

Lösung

Wir führen Polarkoordinaten ein, wobei wir die Polarachse so wählen, daß das Gebiet diese Achse im Ursprung berührt. Die Gleichung der Berandung des Gebietes sei $r = f(\Theta)$. Aus der bekannten Formel für den Flächeninhalt folgt dann

$$A = \int_0^\pi \frac{1}{2} r^2 d\Theta = \frac{1}{2}\int_0^\pi f^2(\Theta)d\Theta = \frac{1}{2}\int_0^{\pi/2} f^2(\Theta)d\Theta + \frac{1}{2}\int_{\pi/2}^\pi f^2(\Theta)d\Theta.$$

Ersetzt man im zweiten Integral des letzten Ausdruckes Θ durch $\Theta + \pi/2$, so ist dies gleich dem Integral

$$\frac{1}{2}\int_0^{\pi/2} f^2(\Theta + \frac{\pi}{2}) d(\Theta + \frac{\pi}{2}) = \frac{1}{2}\int_0^{\pi/2} f^2(\Theta + \frac{\pi}{2}) d\Theta.$$

Für die Fläche bedeutet das

$$A = \frac{1}{2}\int_0^{\pi/2} [f^2(\Theta) + f^2(\Theta + \frac{\pi}{2})] d\Theta.$$

---

* Pi Mu Epsilon, 1956, S. 185, Problem 74, gestellt und gelöst von H. Helfenstein, University of Alberta.

Der Integrand ist das Quadrat der Länge einer Sehne des betrachteten Gebietes.

Haben nun je zwei Punkte des Gebietes einen Abstand voneinander, der kleiner als 2 ist, so sind auch die Sehnenlängen alle kleiner als 2, woraus

$$A < \frac{1}{2} \int_0^{\pi/2} 4 d\Theta = 2 \int_0^{\pi/2} d\Theta = \pi$$

folgt; dieser Widerspruch liefert die Behauptung.

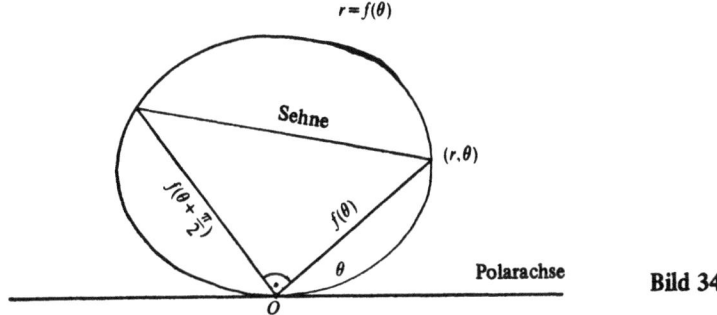

Bild 34

Dem Beweis entnimmt man, daß die Fläche π nicht übersteigen kann, wenn alle Sehnen nicht länger als 2 sind. Ist also die Fläche größer als π so gibt es eine Sehne, die länger als 2 ist. •

Diese Arbeit führt zu einigen netten Ergebnissen auf dem modernen Gebiet der kombinatorischen Geometrie. Eine 1911, nach seinem Tod erschienene Arbeit von Hermann Minkowski, war der Ausgangspunkt einer Reihe verblüffender Ergebnisse über abgeschlossene, konvexe Mengen der Ebene. Diese Arbeit enthielt den heute sehr bekannten Satz:

Liegt der Mittelpunkt eines zentralsymmetrischen, abgeschlossenen konvexen Gebietes mit einem Flächeninhalt größer als 4 in einem Gitterpunkt, so enthält dieses Gebiet mindestens zwei Gitterpunkte.

(Eine Figur ist zentralsymmetrisch, wenn sie einen Punkt O enthält, so daß bei einer halben Umdrehung um diesen Punkt die Figur in sich übergeht.)

Da dieser Satz in Ross Honsberger: „Mathematische Edelsteine" S. 48 besprochen wurde, werde ich den Beweis hier nicht nochmals durchführen. Wohl aber können wir den folgenden Satz von Joseph Hammer, University of Sidney (AMM, 1968, S. 157, Mathematical Notes) behandeln:

Liegt der Mittelpunkt O eines zentralsymmetrischen, abgeschlossenen, konvexen Gebietes R, dessen Flächeninhalt größer als π ist, in einem Gitterpunkt, so kann man dieses Gebiet so um seinen Mittelpunkt drehen, daß es nach der Drehung mindestens zwei zusätzliche Gitterpunkte enthält.

Beweis

Weil O der Mittelpunkt von R ist, ist dieser Punkt Halbierungspunkt jeder durch ihn gehenden Sehne von R. Wenn daher eine Sehne AB durch O mindestens die Länge 2 hat, so ist die Länge der Sehnenstücke auf beiden Seiten von O mindestens 1. Diese Sehne geht bei einer geeigneten Drehumg um O in eine Gitterlinie durch O über, auf der zwei zu O benachbarte Gitterpunkte (C und D oder E und F) liegen, die ebenfalls zu R gehören (Bild 35).

Weil der Flächeninhalt von R größer als π ist, muß — wie wir wissen — eine Sehne AB von R länger als 2 sein. Wenn AB durch O geht, sind wir daher fertig. Geht AB nicht durch O, dann ist O von einem Endpunkt der Sehne (z. B. von A) weiter als AB/2 entfernt. Weil R zentralsymmetrisch ist, muß in diesem Fall die Sehne AOA' noch länger als AB sein, womit die Beweisführung vollständig ist. •

Mit der gleichen Idee kann man einen zweiten Satz aus der Arbeit von Hammer beweisen:

Dreht man ein abgeschlossenes, konvexes Gebiet R, dessen Flächeninhalt größer als $\pi/2$ ist um einen beliebigen Punkt P des Gebietes, dann gibt es eine Lage, in der das gedrehte Gebiet mindestens einen Gitterpunkt enthält.

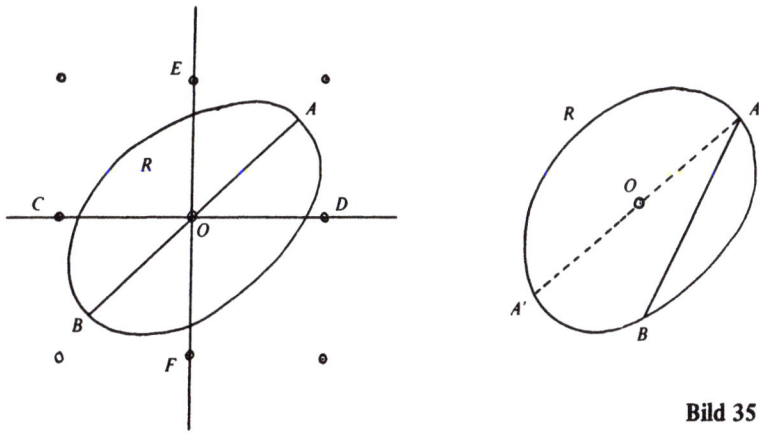

Bild 35

Beweis

Unterwirft man R der Streckung P ($\sqrt{2}$) (d. h. der Streckung mit Mittelpunkt P und Streckungsfaktor $\sqrt{2}$), so wachsen die linearen Abmessungen von R mit dem Faktor $\sqrt{2}$; die Fläche verdoppelt sich. Die neue Fläche ist daher größer als π, weswegen das neue Gebiet eine Sehne enthält, die länger als 2 ist. Die entsprechende Sehne in R hat dann eine Länge, die $2/\sqrt{2} = \sqrt{2}$ übersteigt. Wie vorher ist dann P entweder Mittelpunkt dieser Sehne, oder eine der Entfernungen von P zu A oder zu B ist größer als AB/2. Jedenfalls ist PA oder PB länger als $\sqrt{2}/2$; o.b.d.A. sei dies für PA der Fall. Jeder Punkt der Ebene liegt höchstens $\sqrt{2}/2$ von einem Gitterpunkt entfernt (der Mittelpunkt C eines Gitterquadrates ist genau $\sqrt{2}/2$ von jedem der vier Ecken, die ja Gitterpunkte sind, entfernt) (Bild 36). Eine geeignete Drehung um P bringt dann PA in eine solche Lage, in der diese Strecken den P am nächsten liegenden Gitterpunkt enthält.

Die im Satz von Minkowski und im ersten Satz von Hammer auftretenden Gebiete mußten zentralsymmetrisch sein. In einer zentralsymmetrischen Figur fallen Symmetriezentrum und Schwerpunkt zusammen. Man kann daher diese Sätze auch für Gebiete formulieren, deren Schwerpunkt in einem Gitterpunkt liegt. Läßt man nun die Voraussetzung der zentralen Symmetrie fallen, sind die Sätze zwar

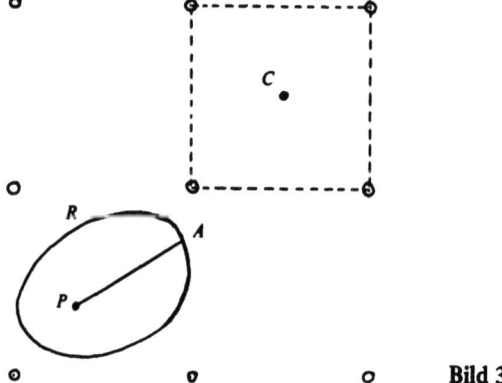

Bild 36

sinnvoll, aber falsch. Überraschenderweise kann man sie aber retten, indem man die geforderten Flächen um ein Achtel dieser Fläche größer annimmt.

Ein abgeschlossenes, konvexes Gebiet mit einer Fläche größer als $4\frac{1}{2}$ ($= 4 + \frac{1}{8} \cdot 4$), dessen Schwerpunkt in einem Gitterpunkt liegt, enthält mindestens zwei weitere Gitterpunkte (E. Ehrhart, [1]).

Ein abgeschlossenes, konvexes Gebiet mit einer Fläche größer als $9\pi/8$, dessen Schwerpunkt in einem Gitterpunkt liegt, kann so um seinen Schwerpunkt gedreht werden, daß es in der gedrehten Lage mindestens zwei weitere Gitterpunkte enthält (Hammer, im oben zitierten Artikel aus der Zeitschrift AMM, 1968).

Genuß für den Leser verspricht die sehr kurze Arbeit [2].

Literatur

[1] E. Ehrhart, Une généralisation du théorème de Minkowski, Comptes Rendus, 240 (1955), 483–485.
[2] P. R. Scott, Lattice Points in Convex Sets. Math. Mag. Mai 1976, 143–146.

Problem 30

Ein diophantisches Gleichungssystem*

Man löse das folgende Gleichungssystem im Bereich der natürlichen Zahlen:

$$a^3 - b^3 - c^3 = 3\,a\,b\,c$$
$$a^2 = 2\,(b + c).$$

Lösung

Weil $3\,a\,b\,c$ positiv ist, muß a^3 größer als b^3 und c^3 sein, das ergibt

$b < a$ und $c < a$.

Durch Addition wird man auf die Ungleichung $b + c < 2\,a$ (und $2\,(b + c) < 4\,a$) geführt. Aus der zweiten Gleichung des Gleichungssystems folgt also

$a^2 < 4\,a$ und $a < 4$.

Die zweite Gleichung ergibt aber auch, daß a gerade ist. Es gilt daher $a = 2$. Weil b und c kleiner als a sind, ergibt sich außerdem $b = c = 1$. •

---

* AMM, 1958, Problem E 1266, gestellt von D. C. B. Marsh, Colorado School of Mines, gelöst von Ramond Huck, Marietta College.

Problem 31

Eine reflektierte Tangente[*]

A und B seien zwei Kreise auf einer Seite der Geraden m. Man konstruiere eine Tangente an A, die — an m reflektiert — eine Tangente an B wird (Bild 37).

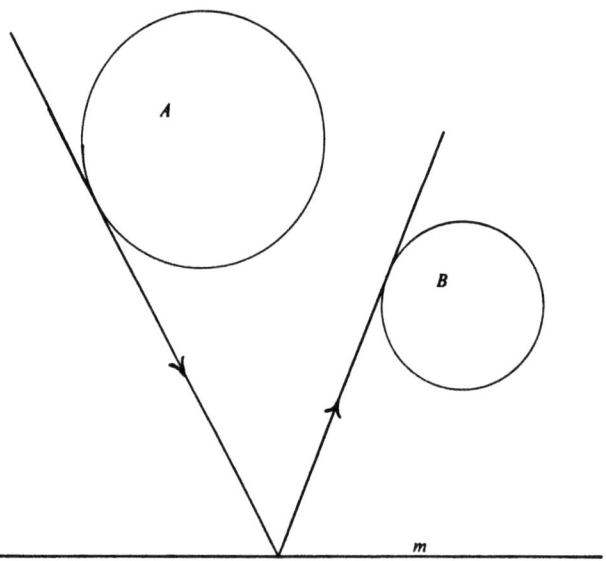

Bild 37

---

[*] AMM, 1901, S. 144, Problem 152, gestellt von Elmer Schuyler, Reading, Pennsylvania, gelöst von Marcus Baker, Washington D.C.

Lösung

B wird an m gespiegelt und ergibt B' als Bild. Die gemeinsamen Tangenten an A und B' liefern die vier möglichen Lösungen. (Tangenten an B' werden durch Spiegelung an m zu Tangenten an B.) (Bild 38). ●

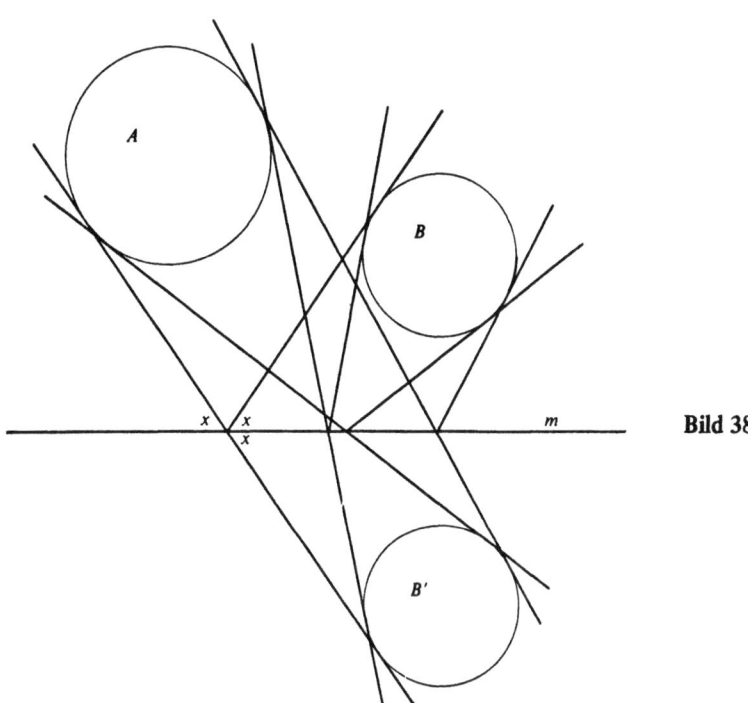

Bild 38

Problem 32

Das wohlzerstörte Schachbrett*

Entfernt man von einem gewöhnlichen 8 × 8-Schachbrett alle schwarzen Felder, so hat auf diesem Brett nicht einmal ein einziger 1 × 2-Dominostein Platz. Gibt man aber danach ein *beliebiges* schwarzes Feld zurück, so wird für einen Dominostein Platz sein. Ein so verändertes Schachbrett mit dieser Eigenschaft nennt man „wohlzerstört" (im Original: elegantly destroyed [Anm. d. Übers.]).

Nun müssen nicht unbedingt alle schwarzen (weißen) Felder vom Brett genommen werden, um dieses zu zerstören. Es erfüllen verschiedenste Kombinationen schwarzer und weißer Felder die gewünschte Bedingung. 32 Dominos überdecken ein Schachbrett in offensichtlicher Weise (Bild 39), wenn nicht alle diese Paare benach-

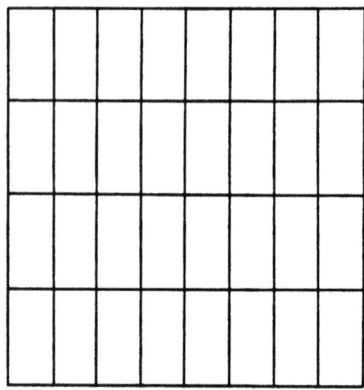

Bild 39

---

* Dieses Problem und seine Lösung stammen von Sidney Penner, Bronx Community College, City University of New York.

barter Felder zerrissen werden, wird immer ein Domino auf dem Brett Platz finden. Um deshalb ein zerstörtes Brett zu erhalten, müssen mindestens 32 Felder daraus entfernt werden.

Andererseits stellt es sich heraus, daß man mehr als 32 Felder wegnehmen kann und trotzdem ein wohlzerstörtes Schachbrett erhält. Natürlich zerstören viele großangelegte Entfernungsaktionen das Brett. Der Witz der Sache ist der, alles so einzurichten, daß das Wiedereinfügen eines beliebigen Feldes dem Brett die Fähigkeit zurück gibt, einem Domino Platz zu bieten. Berücksichtigt man diese eher einschneidende Bedingung, ist die Maximalzahl entfernbarer Felder für ein solches Brett überraschend hoch. Man bestimme dieses Maximum.

Lösung

Das Brett, bestehend aus den schraffierten Feldern in Bild 40, zeigt, daß es ein wohlzerstörtes Schachbrett gibt, auf dem nur 16 Felder übrig sind. Wir werden zeigen, daß kein wohlzerstörtes Brett aus weniger Feldern bestehen kann. Das geschieht durch den Beweis dafür, daß aus jedem Brett, aus dem mehr als 48 Felder entfernt werden, mindestens ein Feld — wir nennen es X — weggenommen worden ist, dessen Rückgabe nicht ausreicht, einen Domino auf das Brett legen zu können.

Bild 40

Wenn mindestens vier Felder in jedem Viertel des Brettes zurückgeblieben sind, würde das Brett aus mindestens 16 Feldern bestehen. Also gibt es in einem Brett mit weniger als 16 Felder wenigstens ein Viertel — zum Beispiel das Viertel links oben — das nicht mehr als drei Felder enthält. Folglich gibt es ein Viertel im Viertel, das ganz fehlt. Wir untersuchen nacheinander die vier möglichen Lagen A, B, C und D dieses leeren Viertels im Viertelbrett (Bild 41).

(a) Wenn das leere Viertel das Viertel A ist, dann hat auch nach Hinzufügung des Feldes X (Bild 42) kein Domino auf dem Brett Platz.

(b) Jetzt mögen die vier Felder E, F, G und H des Teiles B fehlen. Die Felder um B seien wie in Bild 43 bezeichnet. Wenn dann nicht das Feld P zurückgeblieben ist, wird auch die Rückkehr von E dem Brett nicht die Fähigkeit verleihen, einen Domino aufnehmen zu können, womit wir ein geeignetes X gefunden hätten. Daher können wir annehmen, daß P im Brett zurückgeblieben ist. In diesem Fall muß das daran anstoßende Feld Q entfernt worden sein, da sonst das Brett nicht „zerstört" wäre.

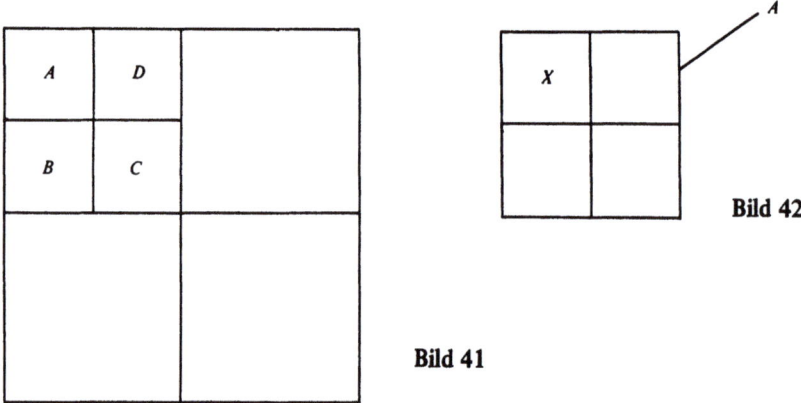

Bild 41

Bild 42

Um F liegen also die leeren Felder Q, E und G, woraus sich ergibt, daß entweder R im Brett geblieben ist oder daß wir mit $X \equiv F$ ein geeignetes X gefunden haben. Es liege folglich auch R im zerstörten Brett. Das angrenzende Feld S ist daher entfernt worden. Mit

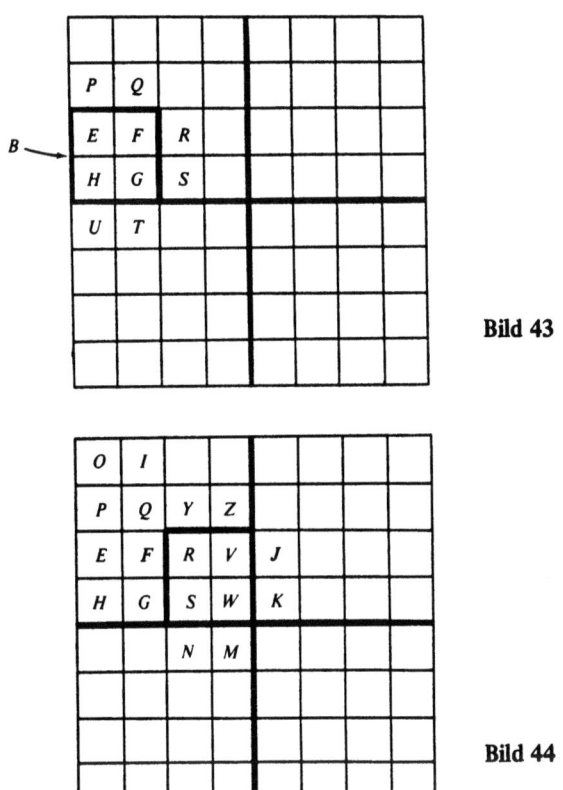

Bild 43

Bild 44

$X \equiv G$ sind wir bei unserer Suche am Ende, wenn nicht T zurückgeblieben ist, woraus sich wiederum ergibt, daß U entfernt worden sein muß. Insgesamt haben wir also entweder ein geeignetes Feld X gefunden oder erkannt, daß U fehlt. Das ergibt aber, daß alle an H angrenzenden Felder im Brett fehlen, weswegen wir $X \equiv H$ wählen können. In jedem Fall ist folglich die Angabe eines geeigneten Feldes möglich. Das gleichwertige Viertel D wird analog behandelt.

(c) Es bleibt noch der Fall, daß das leere Viertel die Lage C einnimmt. Wir erweitern die Bezeichnung aus Bild 43, wie in Bild 44 gezeigt wird. Der Teil C setzt sich aus den Feldern R, S, W und V zusammen.

Zuerst untersuchen wir R. Da V und S fehlen, gehören entweder F oder Y dem zerstörten Brett an oder wir können $X \equiv R$ wählen. Da F und Y bezüglich C gleichwertige Lagen einnehmen, sind diese Fälle zueinander äquivalent. Es sei daher o.B.d.A. angenommen, daß Y zurückgeblieben ist. In diesem Fall können wir so um C herumgehen, wie wir das mit B taten, um ein geeignetes X (V, W oder S) aufzufinden oder um zu erkennen, daß Y, J, M und G zurückgeblieben sein müssen und daß Z, K, N und F entfernt worden sind. So erhalten wir entweder unser X, oder es gilt, daß die beiden Felder Y und G im linken, oberen Viertel des Brettes geblieben sind. In diesem Viertel liegen aber laut Annahme insgesamt höchstens drei Felder.

Sind zwei davon durch Y und G gegeben, so kann im Rest des Viertels höchstens ein weiteres Feld liegen.

Ist dieses Feld die Ecke O, dann müssen P, E, H und F fehlen, was uns $X \equiv E$ liefert. Fehlt O, so gehen wir abschließend folgendermaßen vor. Liegt P auf dem Brett, dann ist $X \equiv I$ möglich. Fehlt auch P, dann ist auch Q nicht vorhanden, da Y nicht weggenommen worden ist. Fehlt weiter E, so gilt $X \equiv P$ (da auch O fehlt). Wurde E behalten, so sind die drei zurückgebliebenen Felder die Felder Y, G und E, weswegen man $X \equiv I$ nehmen kann. ●

Problem 33

Die Schneebälle*

Ein Bub macht zwei Schneebälle, wobei der größere den doppelten Durchmesser des kleineren hat, und bringt sie in ein warmes Zimmer, wo sie schmelzen. Da nur die Oberfläche der Bälle der warmen Luft ausgesetzt ist, kann man annehmen, daß die schmelzende Schneemenge proportional ist zur Oberfläche der Bälle. Wieviel ist vom kleineren Ball übrig, wenn das halbe Volumen des größeren weggeschmolzen ist?

Lösung

Wir werden zeigen, daß aus der Annahme, daß die Abnahme des Volumens proportional zur Oberfläche ist, das verblüffende Ergebnis folgt, daß die Radiusabnahme — unabhängig von der Länge des Radius, ebenfalls konstant ist. Als Folge werden die beiden Radien um den selben Betrag schrumpfen.

Volumen und Oberfläche sind gegeben durch $V = 4\pi r^3/3$ und $O = 4\pi r^2$. Mit t als Zeitparameter ist die Abnahme des Volumens gegeben durch

$$\frac{dV}{dt} = \frac{4}{3}\pi \cdot 3r^2 \cdot \frac{dr}{dt} = 4\pi r^2 \cdot \frac{dr}{dt}$$

was zu $O = 4\pi r^2$ proportional sein soll. Das ergibt mit einer Konstanten k

$$4\pi r^2 \cdot \frac{dr}{dt} = k(4\pi r^2),$$

---

* MM, 1944—45, S. 96, Problem 557, gestellt von E. P. Starke, Rutgers University, gelöst von Frank Hawthorne, New Rochelle, New York.

woraus, wie behauptet,

$$\frac{dr}{dt} = k$$

folgt.

Anfänglich seien $2r$ und r die Radien der beiden Schneebälle. Das Volumen des größeren Balles ist durch

$$V = \frac{4}{3}\pi (2r)^3 = \frac{32}{3}\pi r^3$$

gegeben. Nachdem davon die Hälfte geschmolzen ist, hat der Ball das Volumen

$$V = \frac{16}{3}\pi r^3 = \frac{4}{3}\pi \left(\sqrt[3]{4} \cdot r\right)^3,$$

was für den Radius eine Länge von $\sqrt[3]{4}\,r$ bedeutet. Folglich sind beide Radien um $(2-\sqrt[3]{4})r$ kleiner geworden. Der kleinere Ball hat also noch einen Radius von

$$r - \left(2-\sqrt[3]{4}\right)r = r\left(\sqrt[3]{4}-1\right)$$

Vom kleineren Ball ist daher das Volumen

$$V = \frac{4}{3}\pi r^3 \left(\sqrt[3]{4}-1\right)^3$$

übrig, was ungefähr ein Fünftel des ursprünglichen Volumens darstellt $((\sqrt[3]{4}-1)^3 \approx 0{,}2027)$. ●

Problem 34

Die Zahlen zwischen 1 und einer Milliarde* 1)

Man bilde die Summe aller Ziffern, die auftreten, wenn man die Zahlen von 1 bis zu einer Milliarde aufschreibt.

Lösung

Durch Hinzunahme von 0 können wir eine halbe Milliarde Zahlenpaare bilden:

(0, 999 999 999), (1, 999 999 998), (2, 999 999 997), ...,
(499 999 998, 500 000 001), (499 999 999, 500 000 000).

Dabei ist die Summe der Ziffern jedes Paares $9 \cdot 9 = 81$. Nimmt man noch 1 für die Ziffernsumme der fehlenden Zahl 1 000 000 000 hinzu, so ergibt sich als gesuchte Summe

$500\,000\,000 \cdot 91 + 1 = 40\,500\,000\,001$. ●

---

* Scripta Mathematica, 1950, S. 126, Curiosa 224, von Leo Moser.

Problem 35

Aneinanderstoßende, einander nicht überlappende Einheitsquadrate*

Wir halten ein Einheitsquadrat S der Ebene fest. Was ist die Maximalzahl einander nicht überlappender Einheitsquadrate, die man so legen kann, daß sie alle das Quadrat S berühren, es aber dabei nicht überschneiden (Bild 45)?

Lösung

Ein 3 × 3-Schachbrettmuster liefert 8 aneinanderstoßende Einheitsquadrate. Diese Anordnung scheint so zu sein, daß die Quadrate dabei so dicht wie möglich liegen (Bild 46). Nachdem ich lange Zeit

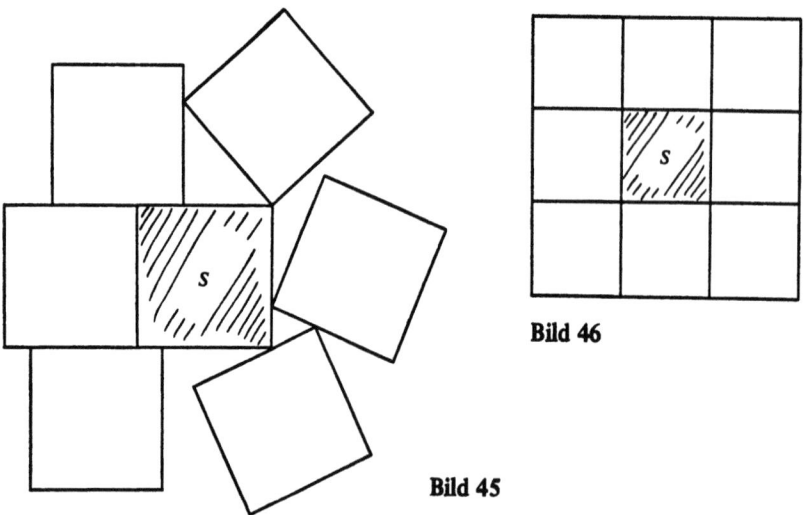

Bild 46

Bild 45

---

* AMM, 1939, S. 20, "A Lemma on Squares" von J. W. T. Youngs, Ohio State University.

(i)

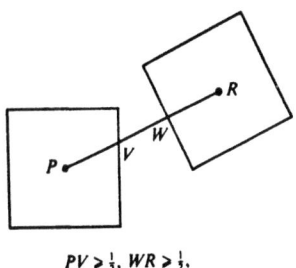

$PV \geq \tfrac{1}{2}$, $WR \geq \tfrac{1}{2}$,
folglich $PR \geq 1$.

(ii)

(Es gibt zumindest einen Berührungspunkt R)

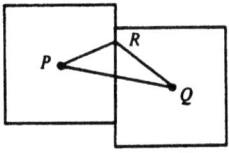

$PQ \leq PR + RQ \leq \tfrac{\sqrt{2}}{2} + \tfrac{\sqrt{2}}{2} = \sqrt{2}$

($\tfrac{\sqrt{2}}{2}$ ist die halbe Diagonalenlänge)

Bild 47

dieser Meinung war, mir aber überhaupt kein Beweis dafür gelang, war ich eines Tages überrascht und begeistert, J. W. T. Youngs wunderbaren Beweis zu finden, als ich gerade in dem 1939-er Band des American Mathematical Monthly schmökerte.

Bild 47 entnimmt man die offensichtlichen Relationen
(i) Der Abstand zwischen den Mittelpunkten zweier einander nicht überlappender Einheitsquadrate ist größer oder gleich 1.
(ii) Der Abstand zwischen den Mittelpunkten zweier einander überlappender Einheitsquadrate ist nicht größer als $\sqrt{2}$.

Es seien nun A, B die Mittelpunkte von zwei an das feste Quadrat S anstoßenden Quadraten; O sei der Mittelpunkt von S (Bild 48). Weiter sei OA = x, OB = y und AB = t. Aus (i) und (ii) folgt

$$x, y, t \geq 1 \quad \text{und} \quad x, y, \leq \sqrt{2}.$$

Dabei besteht die Möglichkeit, daß es eine Lücke gibt zwischen den Quadraten mit Mittelpunkten A und B, weswegen t auch größer als $\sqrt{2}$ sein kann. Da aber keine Überlappungen auftreten, gilt zumindest $t \geq 1$.

Lägen A und B (z. B. in dieser Reihenfolge) auf einem von O ausgehenden Halbstrahl, so wäre die Länge y = OB der Strecke von O nach B mindestens 2, was größer als die obere Schranke $\sqrt{2}$ ist. Folglich liegen A und B auf verschiedenen von O ausgehenden Halbstrahlen (Bild 48). Verbinden wir daher die Mittelpunkte aller an S an-

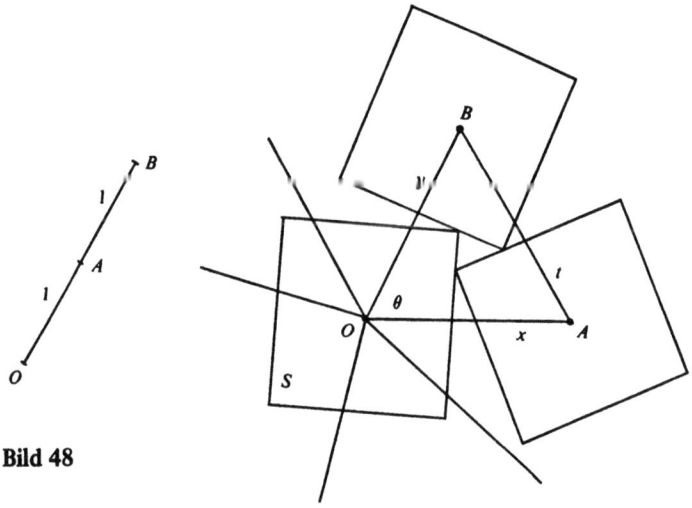

Bild 48

stoßenden Quadrate mit O, so erhalten wir einen Fächer verschiedener (gerichteter) Strecken durch O, wobei zu jedem Quadrat eine Strecke gehört.

Jetzt seien OA und OB zwei unmittelbar aufeinanderfolgende Strecken im Fächer. Wie in der Abbildung angedeutet sei Θ der Winkel, den sie in O bestimmen. Anwendung des Cosinus-Satzes auf das Dreieck OAB liefert

$$t^2 = x^2 + y^2 - 2xy \cos \Theta,$$

was die Gleichung

$$\cos \Theta = \frac{x^2 + y^2 - t^2}{2xy}$$

bedeutet. Aus $t \geq 1$ folgt $\cos \Theta \leq \frac{x^2 + y^2 - 1}{2xy}$, wobei die rechte Seite mit $f(x, y)$ bezeichnet wird. Wegen $1 \leq x, y \leq \sqrt{2}$ muß $f(x, y)$ positiv sein. Wir wollen nun zeigen, daß für diese x und y ($1 \leq x, y \leq \sqrt{2}$) $f(x, y)$ nie größer als 3/4 ist.

Die nicht mit der Technik der partiellen Differentiation vertrauten Leser finden eine ausführliche, elementare Herleitung im Anhang. Es gilt

$$f_x = \frac{2xy(2x) - (x^2 + y^2 - 1)(2y)}{(2xy)^2} =$$
$$= \frac{x(2x) - (x^2 + y^2 - 1)}{2x^2 y} = \frac{x^2 - y^2 + 1}{2x^2 y}.$$

Ähnlicherweise ergibt sich

$$f_y = \frac{-x^2 + y^2 + 1}{2xy^2}.$$

Offensichtlich sind f_x und f_y im Bereich $1 \leq x, y \leq \sqrt{2}$ nicht negativ. Folglich ist der Wert von f für wachsendes x und y nicht fallend, was bedeutet, daß $f(\sqrt{2}, \sqrt{2}) \leq f(x, y)$ ist für alle betrachteten Werte von x und y. Es gilt daher

$$f(x, y) \leq f(\sqrt{2}, \sqrt{2}) = \frac{2 + 2 - 1}{2 \cdot \sqrt{2} \cdot \sqrt{2}} = \frac{3}{4}$$

Der Winkel Θ zwischen OA und OB erfüllt also die Bedingung

$$\cos \Theta \leq \frac{3}{4}.$$

Einer Tabelle der Cosinus-Werte entnimmt man $\cos 40° = 0{,}76604\ldots$ Es gilt daher $\cos \Theta < \cos 40°$, was $\Theta > 40°$ bedeutet. Das heißt aber, daß im 360°-Bereich des von O ausgehenden Strahlenfächers nicht 9 solche Winkel Θ ($> 40°$) Platz haben, weswegen die Maximalzahl anstoßender Quadrate 8 sein muß. •

Ein ähnliches — wesentlich einfacheres — Problem haben D. J. Newman und W. E. Weissblum von der Yeshiva University im American Mathematical Monthly (1962, S. 808) formuliert:

Sechs Kreise in der Ebene sind so beschaffen, daß keiner den Mittelpunkt eines anderen enthält. Man zeige, daß sie keinen Punkt gemeinsam haben.

Lösung

Es sei O ein Punkt, der in allen Kreisen liegt. Wir verbinden O mit den Mittelpunkten der sechs Kreise und erhalten so einen Strahlenfächer mit O als Zentrum. Lägen zwei Mittelpunkte A und B auf einem gemeinsamen Halbstrahl durch O, so folgt daraus, weil der Punkt O in jedem Kreis liegt, daß ein Kreis den Mittelpunkt eines anderen enthält. (Widerspruch.) Der Fächer besteht also aus sechs verschiedenen Strecken (Bild 49).

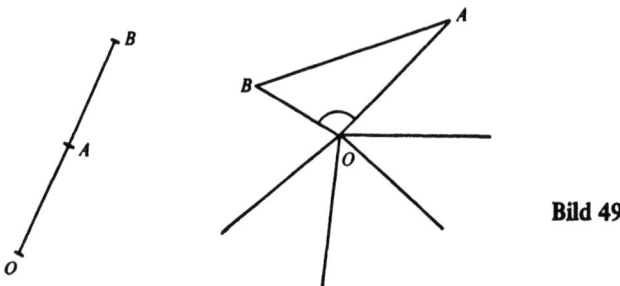

Bild 49

A und B bezeichnen weiter zwei Mittelpunkte, für die OA und OB benachbarte Strecken des Fächers sind. r sei der größere der Radien der Kreise mit Mittelpunkten A und B (oder der gemeinsame Wert der Radien, wenn diese gleich sind). Weil kein Kreis den Mittelpunkt eines zweiten enthält, ist AB größer als r. Da aber die Kreise mit Mittelpunkten A und B den Punkt O enthalten, sind OA und OB nicht größer als r. Im Dreieck OAB ist daher AB allein die längste der drei Seiten, weswegen der Winkel ∡ AOB größer ist als die beiden anderen Winkel des Dreiecks. Das ergibt

∡ AOB > 60°,

was bedeutet, daß der Fächer der sechs Strecken mehr als 6 · 60 = 360 Grad benötigt, was unmöglich ist. ●

Anhang

Der Graph der Funktion $z = f(x, y) = (x^2 + y^2 - 1)/(2xy)$ ist eine Fläche im dreidimensionalen Raum (Bild 50). Wir interessieren uns nur für den Teil G des Graphen, der über dem Quadrat $1 \leq x, y \leq \sqrt{2}$ der x-y-Ebene liegt. K (a, b) sei ein beliebiger Punkt dieses Quadrates und P (a, b, z) der über K liegende Punkt von G. L sei die Strecke des Quadrates, deren Punkte die gleiche y-Koordinate die K haben. Die Ebene π durch L, die normal auf die x-y-Ebene steht, schneidet G längs einer Kurve C. Weil die Punkte von C auf G liegen, erfüllen ihre Koordinaten die Gleichung

$$z = \frac{x^2 + y^2 - 1}{2xy}$$

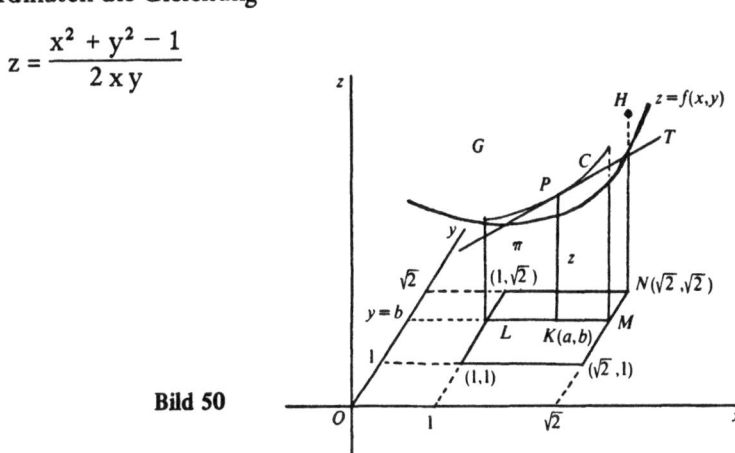

Bild 50

Da diese Punkte auch der Ebene π angehören, gilt für ihre y-Koordinaten y = b. Für die Punkte von C gilt daher

$$z = \frac{x^2 + b^2 - 1}{2xb}.$$

Das ist eine Funktion der Variablen x allein; der Anstieg der Tangente T an C im Punkt P ist einfach der Wert von dz/dy in diesem Punkt. Nach einigen Vereinfachungen erhält man

$$\frac{dz}{dx} = \frac{x^2 - b^2 + 1}{2bx^2}.$$

Wegen $x \geq 1$ gilt $x^2 + 1 \geq 2$, wegen $b \leq \sqrt{2}$ ist der Nenner $x^2 - b^2 + 1$ nicht-negativ. Weil der Zähler positiv ist, ist der Anstieg der Tangente an C in jedem Punkt der Kurve nicht negativ. Das bedeutet, daß sich bei Bewegung entlang C in Richtung wachsender x-Werte der Wert von z nicht verkleinert. Der Endpunkt M von L liefert also einen Punkt auf G, der mindestens so weit über der x-y-Ebene liegt, wie jeder andere Punkt von G, der über L liegt.

Verlaufen die Strecke L und die Ebene π parallel zur y-Achse, so erhalten wir auf ähnliche Weise eine Kurve C′, die gegeben ist durch

$$z = \frac{a^2 + y^2 - 1}{2\,a\,y}.$$

Für die Punkte auf C′ gilt

$$\frac{dz}{dy} = \frac{-a^2 + y^2 + 1}{2\,a\,y^2},$$

was für die betrachteten Werte von y und a ebenfalls nicht-negativ ist. Folglich bleibt man mindestens ebenso weit über der x-y-Ebene, wenn man sich entlang G so fortbewegt, daß y wächst und x konstant bleibt. Daraus folgert man, daß man — ausgehend vom beliebigen Punkt K (a, b) des Quadrates — nie unter einen solchen Teil von G kommt, der näher an der x-y-Ebene liegt, wenn man sich entlang L nach M bewegt und von dort entlang der Kante des Quadrates zur Ecke N. Folglich liegt kein Punkt von G weiter von der x-y-Ebene weg als der Punkt H über N. Dieser Punkt, der ja nichts anderes ist als der Punkt N ($\sqrt{2}, \sqrt{2}$), liefert daher den Maximalwert von f(x, y) für Punkte (x, y) des betrachteten Quadrates. Der Maximalwert selbst ist durch

$$\frac{2 + 2 - 1}{2 \cdot \sqrt{2} \cdot \sqrt{2}} = \frac{3}{4}$$

gegeben.

Problem 36

Eine diophantische Gleichung*

Es seien a, b, c und d ganze Zahlen mit $a \neq 0$. Man zeige, daß die Gleichung $axy + bx + cy + d$ nur endlich viele Paare (x, y) ganzer Zahlen als Lösung hat, falls $bc - ad \neq 0$ ist.

Lösung

Durch Multiplikation mit a wird die Gleichung zu

$$a^2 xy + abx + acy + ad = 0$$

oder zu

$$(ax + c)(ay + b) = bc - ad.$$

Das bedeutet, daß $ax + c$ und $ay + b$ Teiler von $bc - ad$ sind. Wegen $bc - ad \neq 0$ hat diese Zahl nur endlich viele Teiler, weswegen es nur endliche viele mögliche Werte für $ax + c$ und $ay + b$ bzw. für x und y gibt. •

Der Graph von $axy + bx + cy + d$ ist eine Hyperbel. Für $bc - ad = 0$ reduziert sich die Gleichung auf

$$(ax + c)(ay + b) = o,$$

wodurch die Hyperbel zu einem Geradenpaar degeneriert; dabei sind die Geraden zu den Koordinatenachsen parallel. Offensichtlich entsprechen die ganzzahligen Lösungen (x, y) der Gleichung den Gitterpunkten auf dem Graphen. Folglich gibt es auch im Falle $bc - ad = 0$ nur endlich viele ganze Lösungen, wenn nicht noch zusätzlich a ein Teiler von c oder b ist. Dann nämlich liegt eine Gerade der degenerier-

---

* AMM, 1964, S. 794, Problem E 1631, gestellt von Roy Feinmann, Rutgers University, gelöst von Richmond G. Albert, West Newton, Massachusetts.

ten Kurve in einer Gittergeraden (parallel zu einer Achse des Koordinatensystems).

Mein Kollege Leroy Dickey hat auf folgende, nette Lösung des Problems hingewiesen. Die durch $axy + bx + cy + d = 0$ gegebene Hyperbel hat zu den Koordinatenachsen parallele Asymptoten. Das erkennt man durch Betrachtung der Translation.

$$x = X - \frac{c}{a}, \quad y = Y - \frac{b}{a},$$

die die Gleichung in

$$a(X - \frac{c}{a})(Y - \frac{b}{a}) + b(X - \frac{c}{a}) + c(Y - \frac{b}{a}) + d = 0$$
$$aXY + k = 0$$

überführt (k konstant). Daher gilt $X \cdot Y = c$ ($c = \frac{k}{a}$ konstant) was die Standardgleichung einer Hyperbel darstellt, bei der die Koordinatenachsen die Asymptoten sind. Deswegen kommt bei Annäherung der Kurve an seine Asymptoten einmal der Punkt, an dem die Kurve zum letzten Mal eine Gittergerade schneidet. Danach bleibt sie immer in einem Kanal zwischen zwei benachbarten Gitterlinien. Das ist sogar dann richtig, wenn eine Asymtote mit einer Gittergeraden zusammenfällt, weil eine Hyperbel nie eine ihrer eigenen Asymptoten schneidet. Befindet sich die Kurve einmal in einem solchen Kanal, so enthält das unbeschränkte Stück der Kurve im Kanal keine Gitterpunkte mehr (Bild 51). Folglich liegen alle auf der Hyperbel liegenden Gitterpunkte in einem beschränkten Teil der Ebene. Dieser Teil und mit ihm das dort liegende Hyperbelstück enthält aber nur endlich viele Gitterpunkte.

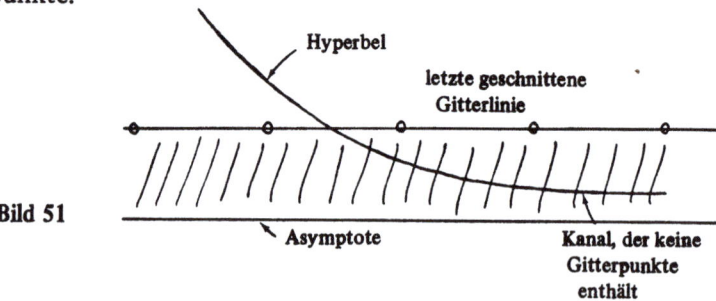

Bild 51

Problem 37

Die Folge der Fibonacci-Zahlen*

Die Folge $\{f_n\}$ natürlicher Zahlen: 1, 1, 2, 3, 5, 8, 13, 21, 34, 55,.. mit $f_1 = f_2 = 1$ und $f_n = f_{n-1} + f_{n-2}$ für $n > 2$, wird Fibonacci-Folge genannt. Sie ist eine der bekanntesten Folgen in der Mathematik. Sie hat so viele Eigenschaften und ist so vieler Verallgemeinerungen fähig, daß eine ganze Zeitschrift, The Fibonacci Quaterly, der Untersuchung dieser Folge und verwandter Themen gewidmet ist.

Wir fragen hier einfach nach der Anzahl von Gliedern der Fibonacci-Folge, die nicht größer als eine feste natürlich Zahl N sind.

Lösung

Seit über hundert Jahren weiß man, daß das n-te Glied der Fibonacci-Folge durch

$$f_n = \frac{1}{\sqrt{5}} \left[\left(\frac{1+\sqrt{5}}{2}\right)^n - \left(\frac{1-\sqrt{5}}{2}\right)^n \right]$$

gegeben ist. (Einen netten Beweis dafür findet man in: Ross Honsberger: Mathematische Edelsteine, S. 173). $\sqrt{5}$ liegt ungefähr bei 2,2 weswegen man $\frac{1-\sqrt{5}}{2} \approx -0,6$ erhält. Folglich ist $((1-\sqrt{5})/2)^n$ positiv oder negativ, je nach dem ob n gerade oder ungerade ist. Außerdem ist

$$\frac{1}{\sqrt{5}} \left(\frac{1-\sqrt{5}}{2}\right)^n$$

---

* AMM, 1964, S. 798, Problem E 1636, gestellt von J. D. Cloud, North American Aviation, Inc., gelöst von William D. Jackson, State University College, Oswego, New York.

dem Betrag nach immer kleiner als 1/2. f_n ist eine ganze Zahl. Wegen

$$\left|-\frac{1}{\sqrt{5}}\left(\frac{1-\sqrt{5}}{2}\right)^n\right| < \frac{1}{2}$$

ergibt sich aus der Formel, daß f_n die natürlich Zahl ist, die der Zahl
$\frac{1}{\sqrt{5}}\left(\frac{1+\sqrt{5}}{2}\right)^n$ am nächsten liegt.
Offensichtlich unterscheidet sich

$$\frac{1}{\sqrt{5}}\left(\frac{1+\sqrt{5}}{2}\right)^n$$

um weniger als 1/2 von der ihr am nächsten liegenden ganzen Zahl. Deswegen kann nie

$$\frac{1}{\sqrt{5}}\left(\frac{1+\sqrt{5}}{2}\right)^n = N + \frac{1}{2}$$

gelten. Für eine Fibonacci-Zahl $f_n \leq N$ erhält man daher $\frac{1}{\sqrt{5}}\left(\frac{1+\sqrt{5}}{2}\right)^n$ $< N + \frac{1}{2}$, da sonst f_n größer als N wäre. Umgekehrt ist im Falle

$$\frac{1}{\sqrt{5}}\left(\frac{1+\sqrt{5}}{2}\right)^n < N + \frac{1}{2}$$

klar, daß die dieser Zahl am nächsten liegende ganze Zahl nicht größer als N ist. Es ist daher $f_n \leq N$ genau dann, wenn einer der folgenden (zueinander äquivalenten) Ungleichungen gilt:

$$\frac{1}{\sqrt{5}}\left(\frac{1+\sqrt{5}}{2}\right)^n < N + \frac{1}{2},$$

$$\left(\frac{1+\sqrt{5}}{2}\right)^n < \left(N+\frac{1}{2}\right)\sqrt{5},$$

$$n \cdot \log\left(\frac{1+\sqrt{5}}{2}\right) < \log\left\{\left(N+\frac{1}{2}\right)\sqrt{5}\right\},$$

$$n < \frac{\log\left\{\left(N+\frac{1}{2}\right)\sqrt{5}\right\}}{\log\left(\frac{1+\sqrt{5}}{2}\right)}$$

Nun erkennt man ganz einfach, daß dieser Quotient von Logarithmen nie ganzzahlig ist. Denn wäre

$$\frac{\log\left\{\left(N+\frac{1}{2}\right)\sqrt{5}\right\}}{\log\left(\frac{1+\sqrt{5}}{2}\right)} = k, \qquad \text{eine ganze Zahl,}$$

so ergäbe sich daraus

$$\log\left\{\left(N+\frac{1}{2}\right)\sqrt{5}\right\} = k \cdot \log\left(\frac{1+\sqrt{5}}{2}\right) = \log\left(\frac{1+\sqrt{5}}{2}\right)^k,$$

$$\left(N+\frac{1}{2}\right)\sqrt{5} - \left(\frac{1+\sqrt{5}}{2}\right)^k, \text{ und } \frac{1}{\sqrt{5}}\left(\frac{1+\sqrt{5}}{2}\right)^k = N+\frac{1}{2},$$

was im Widerspruch zum früher erhaltenen Ergebnis steht.

Die größte Fibonacci-Zahl mit $f_n \leq N$ entspricht dem größten zulässigen Wert von n, der sich daher als

$$n = \left[\frac{\log\left\{\left(N+\frac{1}{2}\right)\sqrt{5}\right\}}{\log\left(\frac{1+\sqrt{5}}{2}\right)}\right]$$

ergibt, weil n eine ganze Zahl ist. Dabei bezeichnet [x] die größte ganze Zahl $\leq$ x. Die ersten beiden Folgenglieder haben den gleichen Wert. Die Zahl der verschiedenen Werte unter diesen Fibonacci-Zahlen ist also um 1 kleiner als diese Zahl n. •

Nun möchten wir bestimmen, wieviele Möglichkeiten es gibt, Zahlen aus dem Bereich 1, 2, 3, ..., n so auszuwählen, daß nie zwei benachbarte Zahlen betroffen sind (dabei sei die leere Menge ebenfalls als Auswahlmöglichkeit zugelassen).

Lösung

a_{n-1} bezeichne die Anzahl der Möglichkeiten für die Zahlen 1, 2, 3, ..., n − 1. Sodann untersuchen wir die a_n Möglichkeiten für 1, 2, 3, ..., n. Eine Auswahl dieser Art enthält n oder enthält n nicht. Enthält die Auswahl n nicht, so ist sie eine der a_{n-1} Auswahlen aus der Menge 1, 2, 3, ..., n − 1. Liegt n in der Auswahl, so liegt n −1 nicht darin (n und n − 1 sind benachbart). Deswegen ist die Restauswahl eine von den a_{n-2} Auswahlen aus 1, 2, 3, ..., n − 2. Dabei muß aber außer n keine weitere Zahl wirklich in der Auswahl liegen. Das entspricht der „leeren" Auswahl aus dem Bereich 1, 2, 3, ..., n − 2 (so kommt also die leere Menge ins Spiel). Insgesamt erhält man

$$a_n = a_{n-1} + a_{n-2}.$$

Die Berechnung von $a_1 = 2$ und $a_2 = 3$ ist einfach. So erkennt man den Verlauf der Folge: 2, 3, 5, 8, ..., $a_n = f_{n+2}$ (das (n + 2)-te Glied der Fibonacci-Folge). ●.

Problem 38

Eine Ungleichung von Erdös*

ON sei der Radius in einem Kreis, der auf der Sehne AB normal stehe. O ist der Kreismittelpunkt. Der Schnittpunkt von AB und ON sei M. P sei ein beliebiger Punkt auf dem größeren der beiden durch AB bestimmten Kreisbögen, der nicht auf dem durch O und N bestimmten Durchmesser liegen möge. PM und PN bestimmen die Punkte Q und R auf der Sehne AB und auf dem Kreis (Bild 52). Man beweise, daß RN immer länger als MQ ist. (Überraschenderweise gibt es viele, die nach einem ersten Hinsehen meinen, daß MQ länger als RN sei.)

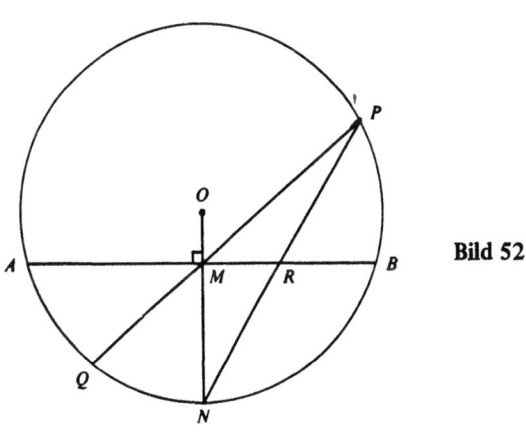

Bild 52

---

* Eine geometrische Ungleichung von Paul Erdös, die der Autor 1975 persönlich mitgeteilt erhielt.

Lösung I (von Paul Erdös)

Es sei P'N das Spiegelbild PN bei Spiegelung am Durchmesser NON' (Bild 53). Weil AB auf ON senkrecht steht, geht dabei R in den Schnittpunkt von P'N mit AB über. Folglich gilt RN = R'N.

PP' und AN stehen senkrecht auf dem Durchmesser NON'. Daher sind die beiden Strecken parallel zueinander, weswegen die entsprechenden Winkel NR'M und NP'P gleich sind. Es gilt weiter ∢ NP'P = ∢ NQP, weil beide Winkel ihren Scheitel auf dem Kreis liegen haben und weil die zugehörige Sehne die gleiche ist. Das ergibt ∢ NR'M = ∢ NQM, weswegen QNMR' ein Sehnenviereck ist.

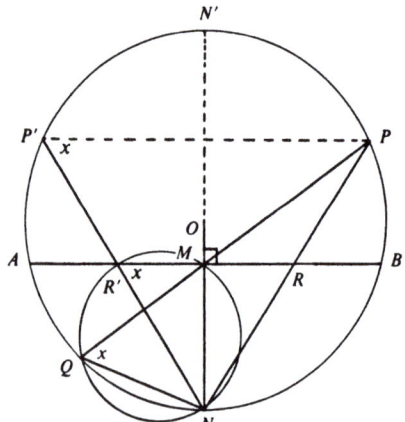

Bild 53

Weil der Sehne R'N auf dem Rand dieses zum Viereck gehörigen Kreises (in M) ein rechter Winkel gegenüber liegt, ist diese Sehne ein Durchmesser. Der der Sehne QM entsprechende Winkel ∢ MNQ auf dem Kreis ist aber kein rechter Winkel (NN' ist Durchmesser des gegebenen Kreises, ∢ NQN' ist ein rechter Winkel, weswegen im Dreieck QNN' nicht ∢ QNM ein weiterer rechter Winkel sein kann). Folglich ist die Sehne QM kürzer als der Durchmesser R'N = RN. ●

Lösung II (von Peter Crippen, Scarborough, Ontario)

Es bezeichne x bzw. y die Winkel ∡ QPN bzw. ∡ PMR (Bild 54). Der Winkel QON im Mittelpunkt ist dann 2 x, die Basiswinkel im gleichschenkligen Dreieck QON sind gleich dem Winkel $90° - x$. Man überprüft leicht, daß auch die anderen Winkel die in der Abbildung gezeigten Größen haben. Die Anwendung des Sinus-Satzes auf das Dreieck MQN liefert

$$\frac{QM}{\sin(90° - x)} = \frac{MN}{\sin(x + y)},$$

Anwendung desselben Satzes auf das Dreieck MNR führt zu

$$\frac{MN}{\sin(x + y)} = \frac{RN}{\sin 90°}.$$

Daher gilt

$$\frac{QM}{\sin(90° - x)} = \frac{RN}{1}.$$

Wegen $\sin(90° - x) < 1$ folgt $QM < RN$. •

Eine herrliche Lösung wurde vom vielversprechenden Schüler Mark Kleiman, New York, in Math. Mag. 49 (1976), S. 217–219 publiziert.

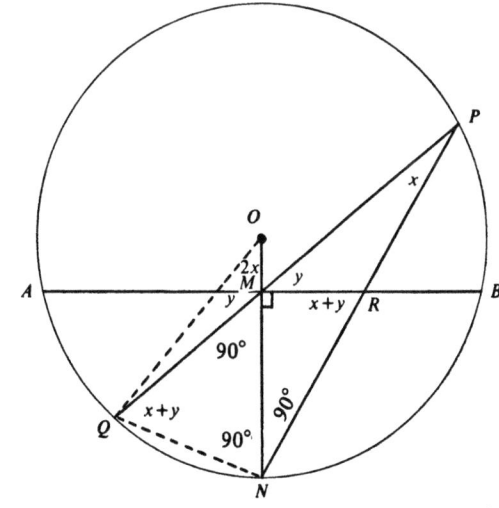

Bild 54

Problem 39

Gitterpunktverteilung*

Die Strecke zwischen A (p, O) und B (O, p) geht durch die p − 1 Gitterpunkte (1, p − 1), (2, p − 2), ..., (p − 1, 1). Die Geraden durch den Usprung O und diese Punkte zerlegen das Dreieck OAB in p kleine Dreiecke. Offensichtlich enthalten die beiden Dreiecke am

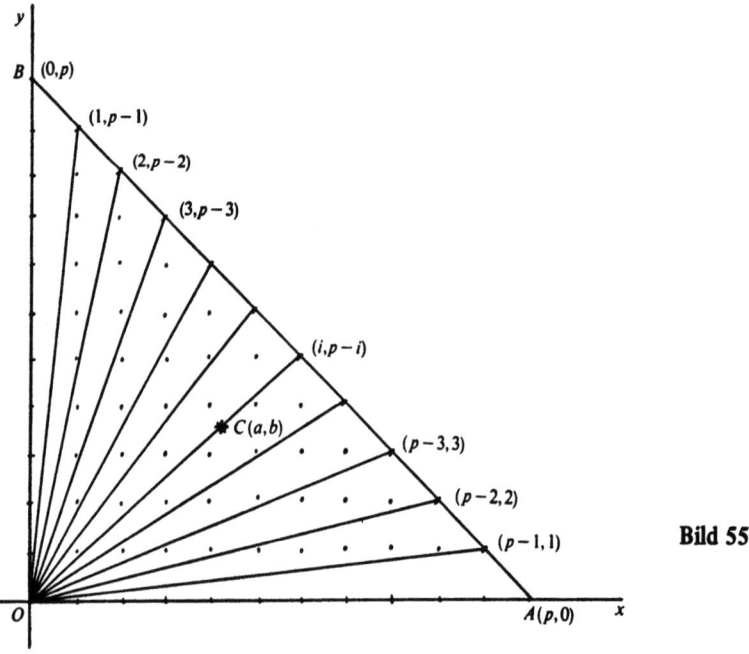

Bild 55

---

* AMM, 1961, S. 806, Problem E 1455, gestellt von M. T. L. Bizley, London, England, gelöst von C. M. Superko, Michigan College of Mining and Technology.

Rand, die je eine Seite haben, die mit einem Teil einer Koordinatenachse zusammenfällt, keine Gitterpunkte der Ebene in ihrem Inneren. Ist p eine Primzahl, so enthalten auch die vom Ursprung ausgehenden Strecken der Dreieckszerlegung keine Gitterpunkte (Bild 55). Man zeige, daß, wenn p prim ist, alle Gitterpunkte im Inneren des Dreiecks OAB im Inneren der p − 2 inneren kleinen Dreiecke liegen, und zwar gleich verteilt.

Lösung

Es sei C (a, b) ein Gitterpunkt im Inneren des Dreiecks OAB. Der Anstieg der Geraden OC ist b/a. Länge C auf einer der Trennlinien − z. B. auf der durch (i, p − i) ($1 \leq i \leq p - 1$) −, so wäre der Anstieg auch durch (p − i)/i gegeben. Folglich gilt b/a = (p − i)/i. Wegen i < p sind i und p − i relativ prim, weil p eine Primzahl ist. C liegt jedoch näher an O als (i, p − i), weswegen a kleiner als i und b kleiner als p − i ist. Die Gleichung b/a = (p − i)/i besagt dann, daß der Bruch (p − i)/i nicht vollständig gekürzt ist. Das stellt einen Widerspruch dazu dar, daß i und p − i relativ prim sein sollen. Die Gitterpunkte im Inneren des Dreiecks OAN liegen folglich im Inneren der p − 2 Innendreiecke.

AB wird durch die Gitterpunkte (i, p − i) in gleichlange Teile zerlegt. Deshalb haben diese kleinen Dreiecke ein und denselben Flächeninhalt. Weil jeder Eckpunkt ein Gitterpunkt ist, kann man diese Fläche mit Hilfe des Satzes von Pick bestimmen.

Satz von Pick

Die Fläche, die von einem Polynom ohne Selbstüberschneidung bestimmt wird, ist, wenn alle Ecken in Gitterpunkten liegen, durch

$$q + \frac{p}{2} - 1$$

gegeben; dabei ist q die Anzahl der Gitterpunkte im Inneren des Polygons und p die Zahl der Gitterpunkte des Randes (die Eckpunkte und die übrigen Gitterpunkte des Randes). (Einen schönen Beweis dieses Satzes findet man in der unten angegebenen Literatur).

Weil zwischen (i, p − i) und (i + 1, p − i − 1) kein Gitterpunkt liegt, ist der Flächeninhalt der inneren Dreiecke durch

$$q + \frac{3}{2} - 1$$

gegeben. Da dieser Ausdruck für alle diese Dreiecke gleich sein muß, ist auch q vom speziellen Dreieck unabhängig. Damit ist gezeigt, daß jedes gleich viele Gitterpunkte enthält, die in ihrer Gesamtheit gerade alle Gitterpunkte im Inneren des großen Dreiecks bilden.

Die Berechnung von q ist einfach. Die Fläche jedes kleinen Dreiecks ist durch (1/p) (Δ OAB) gegeben, also durch

$$\frac{1}{p} \cdot \left(\frac{1}{2} \cdot p \cdot p \right) = \frac{p}{2}.$$

Daher gilt

$$q + \frac{3}{2} - 1 = \frac{p}{2} \quad \text{oder} \quad q = \frac{p-1}{2}. \; \bullet$$

Literatur

Ross Honsberg, Ingenuity in Mathematics, vol. 23, New Mathematical Library, Math. Assoc. of America, 27–31.

Problem 40

Perfekte Zahlen*

Bereits die alten Griechen haben entdeckt, daß einige natürliche Zahlen n die bemerkenswerte Eigenschaft haben, daß die Summe ihrer echten Teiler gerade die Zahl selbst ergibt. Für n = 28 gilt z. B.

$1 + 2 + 4 + 7 + 14 = 28$.

Solche Zahlen wurden von ihnen als „perfekt" („vollkommen") bezeichnet. Verwendet man die zahlentheoretische Funktion $\sigma(n)$, die die Summe aller positiven Teiler von n (n eingeschlossen) angibt, so gilt, daß n perfekt ist genau dann, wenn die Gleichung $\sigma(n) = 2n$ erfüllt ist. Perfekte Zahlen scheinen ziemlich selten zu sein. Die ersten fünf sind 6, 28, 496, 8128, 33550336; bis 1976 waren insgesamt nur 24 perfekte Zahlen bekannt. Die größte unter ihnen ist $2^{19936}(2^{19937} - 1)$, eine Zahl mit über 6000 Stellen.

Im achtzehnten Jahrhundert bewies Euler, daß jede gerade perfekte Zahl m sich in der Form

$m = 2^{n-1}(2^n - 1)$, wobei $2^n - 1$ prim ist,

darstellen läßt. (Den wunderbaren Beweis von Leonard Eugene Dickson für diesen Satz (1911) findet man in meinem Buch *Ingenuity in Mathematics*, Vol. 23 der New Mathematical Library Series, Mathematical Associations of America, S. 133 ff. Auch die beiden folgenden einfachen Ergebnisse (die wir bald benötigen werden) findet man dort.

(i) $\sigma(n)$ ist multiplikativ, d. h. $\sigma(a \cdot b) = \sigma(a) \cdot \sigma(b)$, wenn a und b relativ prim sind.

(ii) Ist $2^n - 1$ prim, so auch n.

---

* AMM, 1975, S. 1015, Problem E 2500, gestellt von Richard Herr, University Park, Pa., gelöst von M. G. Greening, University of New Youth Wales, Australien.

Mit dieser Information versehen, besteht nun unser Problem darin, alle perfekten Zahlen n zu finden, für die σ [σ (n)] wieder perfekt ist.

Lösung

Nehmen wir zunächst an, es sei n eine ungerade perfekte Zahl. Dann gilt σ (n) = 2 n, wobei 2 und n relativ prim sind. Daraus folgt

σ [σ (n)] = σ (2 n) = σ (2) · σ (n) = 3 · σ (n) = 3 (2 n) = 6 n.

6 n ist gerade. Damit diese Zahl perfekt ist, muß für eine Primzahl p

$6n = 2^{p-1} (2^p - 1)$

gelten (p ist prim, weil $2^p - 1$ prim ist). Weil aber n ungerade ist, enthält 6 n den Faktor 2 nur einmal (in 6). Daraus folgt

$2^{p-1} = 2^1$ oder p = 2.

Daher gilt 6 n = 2 ($2^2 - 1$) = 6 und n = 1. 1 ist aber keine ungerade perfekte Zahl; daraus erhalten wir einen Widerspruch. Es gibt also keine ungeraden perfekten Zahlen n, so daß σ [σ (n)] wieder perfekt ist.

Deshalb sei nun n eine gerade perfekte Zahl, die folglich als

$n = 2^{p-1} (2^p - 1)$, $2^p - 1$ prim

geschrieben werden kann. In diesem Fall sind 2 und $2^p - 1$ relativ prim und es gilt

σ [σ (n)] = σ (2 n) = σ [2^p ($2^p - 1$)] = σ (2^p) · σ ($2^p - 1$)
= ($2^{p+1} - 1$) [($2^p - 1$) + 1]   (weil $2^p - 1$ prim ist)
= 2^p ($2^{p+1} - 1$).

Diese Zahl ist gerade und — falls perfekt — schon in der Eulerschen Form dargestellt, woraus sich ergibt, daß p + 1 prim sein muß. p und p + 1 sind benachbarte Primzahlen, was nur für 2 und 3 möglich ist. Daher gilt

$n = 2^{p-1} (2^p - 1) = 2 (2^2 - 1) = 6$ und
σ [σ (n)] = σ [σ (6)] = σ (12) = 28.

n = 6 ist also die einzige Lösung. ●

Problem 41

Die Seiten eines Viereck*

Die Seiten eines Vierecks mögen (bezüglich einer festen Einheitsstrecke) ganzzahlige Längen haben. Außerdem teile die Länge jeder Seite die Summe der Längen der übrigen Seiten. Man beweise, daß dann zwei Seiten gleich sind.

Lösung

Es sei angenommen, daß die Seitenlängen paarweise voneinander verschieden sind. Wir bezeichnen diese Längen mit $s_1 > s_2 > s_3 > s_4$ und den Umfang des Vierecks mit p. Nach Voraussetzung gilt dann $s_i | p - s_i$ für i = 1, 2, 3, 4. Daher ist jedes s_i auch ein Teiler von p. Wie oft geht nun s_i in p auf?

Wir betrachten den Fall für die längste Strecke s_1. Die Summe dreier Seitenlängen im Viereck ist immer größer als die Länge der vierten Seite (drei Seiten bilden den „langen Weg" im Viereck, der von einem Eckpunkt der vierten Seite zum zweiten verläuft). Daher muß s_1 kleiner als der halbe Umfang sein: $s_1 < \frac{p}{2}$. Außerdem aber muß s_1 als längste Seite größer sein als ein Viertel des Umfanges (da sonst die Summe der Längen kleiner als p wäre). Deshalb gilt

$$\frac{p}{4} < s_1 < \frac{p}{2}.$$

s_1 geht folglich mehr als zwei Mal und weniger als vier Mal in p auf; das bedeutet, daß s_1 drei Mal in p aufgeht: $s_1 = p/3$.

---

* MM, Problem Q 315, gestellt von D. L. Sierman.

Wegen $s_2 < s_1$ geht s_2 in p öfter auf als s_1, woraus $p/s_2 \geq 4$ und $s_2 \leq p/4$ folgt. Weiter gelten wegen $s_3 < s_2$ die Beziehungen $p/s_3 \geq 5$ und $s_3 \leq p/5$. Ebenso verhält man $s_4 \leq p/6$. Das führt zum Widerspruch

$$p = s_1 + s_2 + s_3 + s_4 \leq$$
$$\leq \frac{p}{3} + \frac{p}{4} + \frac{p}{5} + \frac{p}{6} = \frac{57}{60} p < p.$$

Deshalb müssen zwei Seiten des Vierecks gleich lang sein. ●

Problem 42

Primzahlen in arithmetischen Folgen*

Man zeige, daß es in einer arithmetischen Folge natürlicher Zahlen nicht mehr als elf aufeinanderfolgende Primzahlen geben kann, falls die (konstante) Differenz der Folge kleiner als 2000 ist.

Lösung

Wir nehmen an, daß n aufeinanderfolgende Glieder einer arithmetischen Folge

$$a, a + d, a + 2d, \ldots, a + (n-1)d$$

prim sind. Außerdem sei $n \geq 3$. Ist $a < n$, so hat eines dieser Glieder die Form $a + ad = a(1 + d)$ und ist deswegen keine Primzahl, da a und $1 + d$ größer als 1 sind. Daher gilt $a \geq n \geq 3$.

p bezeichne eine Primzahl kleiner als n. Wir nehmen weiter an, daß p kein Teiler von d ist, und betrachten die ersten p Glieder

$$a, a + d, a + 2d, \ldots, a + (p-1)d.$$

$r_0, r_1, \ldots, r_{p-1}$ seien die p Reste, die man bei Division dieser Glieder durch die Primzahl p gewinnt. Weil jedes Glied prim ist und weil $p < n \geq a$ gilt, teilt p keines der obigen Folgenglieder, weswegen kein Rest verschwindet. Für die p Reste sind daher nur die $(p - 1)$ Werte $1, 2, \ldots, p - 1$ möglich. Eine Anwendung des Dirichletschen Schubfachprinzips ergibt dann, daß mindestens zwei Reste gleich sind. Es gilt also $r_i = r_j$ ($i \neq j$). Das bedeutet

$$a + id \equiv a + jd \pmod{p} \quad \text{und} \quad (i - j)d \equiv 0 \pmod{p}.$$

---

* AMM, 1934, S. 519, Problem E 83, gestellt von Morgan Ward, California Institute of Technology, gelöst von E. P. Starke, Rutgers University.

p ist somit ein Primteiler von (i − j) d, der d nicht teilt. Das ergibt die Relation p | i − j. i und j sind aber positive ganze Zahlen kleiner als p, weswegen p | i − j nur für i − j = 0 möglich ist. Diese Beziehung (i = j) steht im Widerspruch zur obigen Voraussetzung, was zur Folge hat, daß jede Primzahl p < n ein Teiler von d sein muß.

Eine Kette von zwölf aufeinanderfolgenden Primzahlgliedern bedeutet daher, daß d durch alle Primzahlen teilbar ist, die kleiner sind als 12; diese sind 2, 3, 5, 7 und 11. Folglich ist die Differenz d ein Vielfaches von 2 · 3 · 5 · 11 = 2310, einer Zahl, die 2000 übersteigt. Daraus ergibt sich die Behauptung. •

Das wunderbare Buch *Theory of Numbers* (1964) von W. Sierpinski enthält eine Fülle interessanten Materials zu diesem Thema (S. 121−125). Zum Beispiel stellen die zehn Zahlen

$$199, 409, 619, \ldots, 199 + 9 (210)$$

aufeinanderfolgende Glieder einer arithmetischen Folge dar, die alle prim sind; die 13 Glieder 4943 + k (60060), k = 0, 1, ..., 12 sind ebenfalls Primzahlen. Damit n = 5 aufeinanderfolgende Glieder einer arithmetischen Folge prim sind, müssen notwendigerweise 2 und 3 Teiler der Differenz d sein. d ist also ein Vielfaches von 6. Für d = 6 haben wir als Beispiel: 5, 11, 17, 23, 29. Das ist die einzige Möglichkeit, mit der Differenz 6 fünf aufeinanderfolgende Primzahlen zu erzeugen. Das deswegen, weil sich in einer solchen arithmetischen Folge unter je fünf aufeinanderfolgenden Gliedern — a, a + 6, a + 2 · 6, a + 3 · 6, a + 4 · 6 — ein Vielfaches von 5 befinden muß. Es gilt nämlich $a + i \cdot 6 \equiv a + i \pmod{5}$. Wie auch immer nun a aussieht, für einen Wert von i (i = 0, 1, 2, 3, 4) muß die Kongruenz $a + i \equiv 0 \pmod{5}$ gelten. Sind die Glieder prim, so muß ein Glied selbst 5 sein. 5 muß sogar an erster Stelle stehen (weil 5 − 6 = − 1 nicht vor 5 stehen kann). Deswegen ist

5, 11, 17, 23, 29

das einzig mögliche Ergebnis.

Problem 43

Cevasche Strecken*

Es sei BC die längste Strecke des Dreiecks ABC und O ein Punkt im Inneren dieses Dreiecks. A', B' und C' seien die Schnittpunkte der Geraden AO, BO und CO mit den den Punkten A, B und C gegenüberliegenden Dreiecksseiten. Man beweise

OA' + OB' + OC' < BC.

Lösung

Eine Strecke zwischen einem Eckpunkt eines Dreiecks und einem Punkt der gegenüberliegenden Seite wird „Cevasche" Strecke genannt. Offensichtlich ist eine Cevasche Strecke kürzer als die längere der beiden Dreiecksseiten, die einander im entsprechenden Eckpunkt des Dreiecks schneiden, der Eckpunkt der Strecke ist. Folglich ist die längste Dreiecksseite länger als alle Cevaschen Strecken. Die Länge von BC übersteigt daher die Länge von AA', BB' und CC'.

OX und OY seien zu AB bzw. AC parallel. Das entstehende Dreieck OXY ist zum Dreieck ABC ähnlich (Bild 56). Weil BC die längste Seite in diesem Dreieck ist, muß XY die längste Seite in jenem sein. XY hat daher eine Länge, die die der Cevaschen Strecke OA' übersteigt.

XS und YT seien zu CC' bzw. BB' parallel. Das Dreieck BXS ist dann zum Dreieck BCC' ähnlich. Offensichtlich ist BC die längste Seite im Dreieck BXS. Das ergibt

BX > SX = OC'   (im Parallelogramm C'SXO).

---

* AMM, 1937, S. 400, Problem 3746 und AMM, 1940, S. 575, Problem 3848; beide Probleme gestellt und gelöst von Paul Erdös.

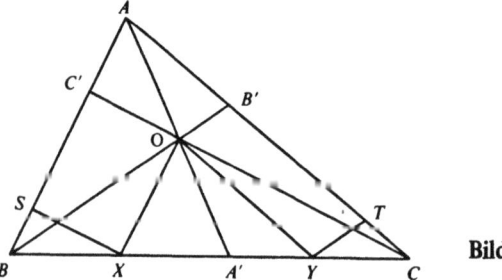

Bild 56

Analog gilt

YC > YT = OB'

Durch Addition der Ungleichungen erhält man

OA' + OB' + OC' < XY + YC + BX = BC. •

Soeben haben wir gezeigt, daß OA' + OB' + OC' kleiner ist als die längste Stelle BC des Dreiecks ABC. Nun sei AA' diejenige der Cevaschen Strecken AA', BB' und CC', die die maximale Länge aufweist. Man beweise die stärkere Aussage.

OA' + OB' + OC' ⩾ AA'.

Lösung

Es sei

$$\frac{OA'}{AA'} = x, \quad \frac{OB'}{BB'} = y \quad \text{und} \quad \frac{OC'}{CC'} = z.$$

AD und OE seien Normalen auf BC (Bild 57). Daraus ergibt sich die Ähnlichkeit der Dreiecke ADA' und OEA' und

$$\frac{OE}{AD} = \frac{OA'}{AA'} = x.$$

Weiter gilt für die Flächeninhalte

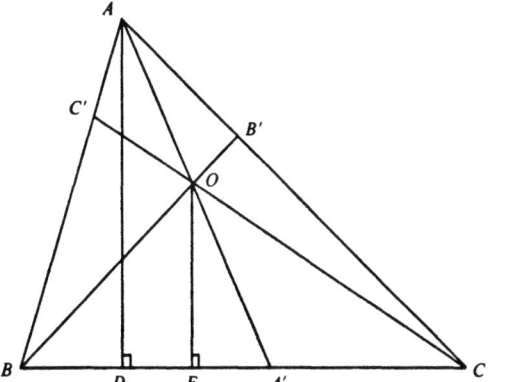

Bild 57

$$\frac{\Delta \, OBC}{\Delta \, ABC} = \frac{\frac{1}{2} \cdot BC \cdot OE}{\frac{1}{2} \cdot BC \cdot AD} = \frac{OE}{AD} = x,$$

woraus $\Delta \, (OBC) = x \cdot \Delta \, (ABC)$ folgt. Ähnlich erhält man $\Delta \, (OCA) = y \cdot \Delta \, (ABC)$ und $\Delta \, (OAB) = z \cdot \Delta \, (ABC)$. Wegen $\Delta \, (ABC) = \Delta \, (OBC) + \Delta \, (OCA) + \Delta \, (OAB) = (x + y + z) \cdot \Delta \, (ABC)$ gilt $x + y + z = 1$. Daraus leitet man ab:

$$\begin{aligned} OA' + OB' + OC' &= x \cdot AA' + y \cdot BB' + z \cdot CC' \\ &\geqslant x \cdot AA' + y \cdot AA' + z \cdot AA' \\ &= (x + y + z) \cdot AA' \\ &= AA'. \end{aligned}$$

Außerdem gilt Gleichheit $OA' + OB' + OA' = AA'$ nur im Falle $AA' = BB' = CC'$. ●

Problem 44

Die Kühe und die Schafe*

Zwei Männer besitzen gemeinsam x Kühe, die sie zu x Dollar pro Stück verkaufen. Mit dem Erlös kaufen sie Schafe zu 12 Dollar pro Stück. Da der Erlös aber nicht durch 12 teilbar ist, kaufen sie vom Rest ein Lamm. Später teilten sie die Schafherde in zwei Hälften mit der selben Stückzahl. Der Mann, zu dessen Teil der Herde das Lamm gehörte, war also etwas im Nachteil. Zum Ausgleich erhielt er von seinem Partner dessen Harmonika. Wie groß ist der Wert der Harmonika?

Lösung

Der Verkaufserlös ist x^2 Dollar. Wäre x durch 6 teilbar, so wäre x^2 durch 36 – und somit auch durch 12 – teilbar. Da das nicht der Fall ist, kann x kein Vielfaches von 6 sein. Es gilt daher $x = 12k + r$ mit $|r| = 1, 2, 3, 4$ oder 5. Das ergibt

$$\frac{x^2}{12} = \frac{(12k+r)^2}{12} = \frac{144k^2 + 24kr + r^2}{12} = 12k^2 + 2kr + \frac{r^2}{12}.$$

Da jeder Mann gleichviele Tiere hat, ist die Gesamtzahl gerade, weswegen die Zahl der Schafe ungerade ist. Der ganzzahlige Anteil von $\frac{x^2}{12}$, die Anzahl der Schafe, die man für x^2 Dollar erhält, ist daher ungerade. $12k^2 + 2kr$ ist gerade. $r^2/12$ muß also einen ungeraden Beitrag zu diesem Quotienten leisten, woraus folgt, daß r^2 nicht kleiner

---

* AMM, 1930, S. 162, Problem 3379, gestellt von J. H. Neelley und T. L. Smith, Carnegie Institute of Technology, gelöst von P. S. Ganesa Sastri, Trichinopoly, Indien.

als 12 sein darf. Das wiederum hat $|r| = 4$ oder 5 zur Folge. Im Fall $|r| = 5$ gilt

$$\frac{r^2}{12} = \frac{25}{12} = 2 + \frac{1}{12},$$

was einen geraden Beitrag liefert. Deswegen gilt $|r| = 4$ und $r^2 = 16$. Das bedeutet

$$\frac{r^2}{12} = \frac{16}{12} = 1 + \frac{4}{12}$$

weswegen sich als Rest 4 (nicht $-$ 4) ergibt. Ein Lamm kostet daher 4 Dollar. Ein Mann erhielt also ein 4-Dollar-Lamm, der andere ein 12-Dollar-Schaf. Eine 4-Dollar-Harmonika gleicht daher die beiden beim Stand von 8 Dollar aus. •

Problem 45

Eine Folge von Quadraten*

Man zeige, daß jedes Glied der Folge

$$49, 4489, 444889, 44448889, \ldots, \underbrace{44\ldots4}_{n+1}\underbrace{88\ldots8}_{n+1}9, \ldots,$$

eine Quadratzahl ist.

Lösung

Das allgemeine Folgenglied ist durch

$$T = \underbrace{44\ldots4}_{n+1}\underbrace{88\ldots8}_{n+1}9 = 9 + 8 \cdot 10 + 8 \cdot 10^2 + \ldots + 8 \cdot 10^n +$$
$$+ 4 \cdot 10^{n+1} + 4 \cdot 10^{n+1} + \ldots 4 \cdot 10^{2n+1}.$$

gegeben. Durch die Aufspaltungen $9 = 1 + 4 + 4$ und $8 = 4 + 4$ erhält man

$$T = 1 + 4(1 + 10 + 10^2 + \ldots + 10^n) + 4(1 + 10 + \ldots + 10^{2n+1})$$
$$= 1 + 4 \cdot \frac{10^{n+1} - 1}{9} + 4 \cdot \frac{10^{2n+2} - 1}{9}$$
$$= \frac{4 \cdot 10^{2n+2} + 4 \cdot 10^{n+1} + 1}{9} = \left(\frac{2 \cdot 10^{n+1} + 1}{3}\right)^2.$$

Dieser letzte Ausdruck ist immer das Quadrat einer natürlichen Zahl, weil $2 \cdot 10^{n+1} + 1$ ein Vielfaches von 3 ist, was man der Tatsache entnimmt, daß die Zimmernsumme von $2 \cdot 10^{n+1} + 1$ gleich 3 ist. ●

---

* Stanford Competitive Mathematics Examination; AMM, 1973, S. 369 ohne veröffentlichte Lösung; die hier gegebene Lösung stammt von Ivan Niven, University of Oregon und unabhängig davon von Brian Lapcevic, Toronto, Ontario.

Problem 46

Das eingeschriebene Zehneck*

Das Problem, einem Kreis regelmäßige Polygone einzuschreiben, ist seit der Antike für die Mathematiker von großem Interesse. Euklid schrieb über dieses Thema und gab eine nette Methode zur Konstruktion eines eingeschriebenen Zehnecks an. Wir beginnen mit dem Nachweis, daß die Seite x eines eingeschriebenen Zehnecks mit dem Radius r des Umkreises durch die Gleichung

$$x = \frac{r}{2}(\sqrt{5} - 1)$$

verbunden ist.

Die Seite AB = x liegt im Mittelpunkt O des Kreises ein Winkel von 36° gegenüber (Bild 58). Das Dreieck OAB ist gleichschenklig und hat daher Basiswinkel von 72°. BS halbiere den Winkel in B. Die Dreiecke ABC und OBC sind dann beide gleichschenklig mit x = AB = BC = OC. Daraus folgt AC = r − x.

Wir betrachten den Umkreis im Dreieck OBC. Da der Winkel ABC mit dem übereinstimmt, der der Sehne BC im Punkt O auf dem Umkreis gegenüberliegt, ist AB eine Tangente an den Kreis. AB als Tangente und ACO als Sekante ergeben sodann

$$x^2 = AO \cdot AC = r(r - x) = r^2 - rx,$$
$$x^2 + rx - r^2 = 0$$
$$x = \frac{-r \pm \sqrt{5r^2}}{2}$$

---

* MM, 1953, S. 52, Problem 155, gestellt von Leon Bankoff, Los Angeles, Californien, gelöst von Daniel Weiner, Wright Junior College, Chicago, Illinois.

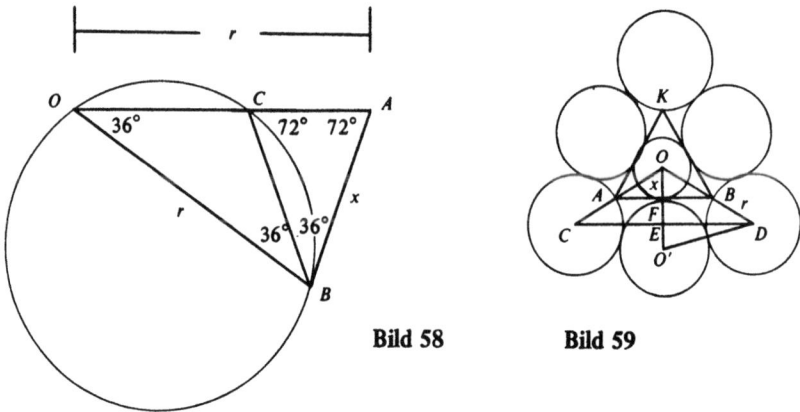

Bild 58 **Bild 59**

Da x positiv ist, gilt

$$x = \frac{r}{2}(\sqrt{5} - 1),$$

wie behauptet.

Nun wenden wir uns dem bemerkenswerten Problem von Dr. Bankoff zu. Dazu gehen wir von einem gleichseitigen Dreieck KAB aus. Sodann ordnen wir sechs gleichgroße Kreise so um das Dreieck herum an, daß drei die Dreiecksseiten in deren Mittelpunkt berühren und die übrigen drei durch die Eckpunkte gehen. Dabei sollen die Kreismittelpunkte auf den Winkelhalbierenden des Dreiecks liegen. Dann vergrößert man die Kreisradien stetig um den selben Betrag, bis die Kreise einander berühren und eine Kette von sechs gleichgroßen Kreisen mit Radius r um das Dreieck bilden (Bild 59). Zu unserem Erstaunen zeigt sich dann, daß der Inkreisradius x des Dreiecks KAB gleich der Seitenlänge des regelmäßigen Zehnecks ist, das man den Kreisen der Kette einschreiben kann. (Ist es nicht wirklich erstaunlich, daß jemand das entdecken konnte!)

Lösung

Man erkennt ganz einfach, daß der Inkreisradius x des gleichseitigen Dreiecks gleich ist einem Drittel einer Höhe (die mit einer Mittelsenkrechten und einer Winkelhalbierenden zusammenfällt). Bezugnehmend auf die Abbildung erkennt man

$$OB = \frac{2}{3} \cdot (\text{Höhenlänge}) = 2x.$$

AB und CD sind offensichtlich parallel: Das ergibt

$$\frac{EF}{OF} = \frac{DB}{BO}, \quad \frac{EF}{x} = \frac{r}{2x} \quad \text{und} \quad EF = \frac{r}{2}.$$

Dann gilt auch $O'E = r/2$, weil $O'E$ die zweite Hälfte des Radius $O'F$ ist.

Dem rechtwinkligen Dreieck OED entnimmt man

$$ED^2 = OD^2 - OE^2 = (2x+r)^2 - \left(x+\frac{r}{2}\right)^2 = 3x^2 + 3rx + \frac{3r^2}{4}.$$

Im rechtwinkligen Dreieck OED gilt

$$O'D^2 = ED^2 + O'E^2,$$
$$4r^2 = (3x^2 + 3rx + \frac{3r^2}{4}) + \frac{r^2}{4},$$
$$r^2 = x^2 + rx,$$
$$x^2 + rx - r^2 = 0.$$

Das ergibt wie vorhin

$$x = \frac{r}{2}(\sqrt{5} - 1). \quad \bullet$$

Problem 47

Rote und blaue Punkte*

Wir betrachten eine quadratische Anordnung roter und blauer Punkte in 20 Zeilen und 20 Spalten. Wenn zwei Punkte einer Farbe in einer Zeile oder Spalte benachbart liegen, verbinden wir sie mit einer Strecke, die so gefärbt ist, wie es die beiden Punkte sind; benachbarte Punkte verschiedener Farbe verbinden wir durch eine schwarze Strecke. Die Anordnung enthalte 219 rote Punkte, wovon 39 am Rand liegen; kein roter Punkt liege in einer Ecke der Anordnung. Außerdem gibt es 237 schwarze Strecken. Wie groß ist die Anzahl der blauen Strecken?

Lösung

In jeder der 20 Zeilen gibt es 19 Strecken, weswegen insgesamt $19 \cdot 20 = 380$ waagerechte Strecken vorkommen. Die Zahl der senkrechten Strecken ist die gleiche. Die Gesamtzahl aller Strecken ist somit 760. Weil davon 237 schwarz sind, sind die restlichen 523 rot oder blau.

r sei die Zahl der roten Strecken. Jetzt zählen wir ab, wie oft ein roter Punkt Endpunkt einer Strecke ist. Jede schwarze Strecke hat einen roten Endpunkt, jede rote hat zwei rote Endpunkte, weswegen es insgesamt $237 + 2r$ rote Endpunkte gibt. Jeder der 39 roten Punkte des Randes liegt auf drei Strecken. Die restlichen 180

---

* AMM, 1972, S. 303, Problem E 2344, gestellt von Jordi Don, Barcelona, Spanien.

roten Punkte im Inneren liegen auf je vier Strecken. Ein roter Punkt ist also

$$39 \cdot 3 + 180 \cdot 4 = 837$$

Mal Endpunkt einer Strecke. Das bedeutet $237 + 2r = 837$ oder $r = 300$. Deswegen gibt es $523 - 300 = 223$ blaue Strecken. •

Ein ähnliches Problem wurde in AMM, 1971, S. 706, Problem E 2251 angegeben (gestellt von T. C. Brown, Simon Fraser University und gelöst von Stephan B. Maurer, Phillips Exeter Academy):

Man betrachte eine rechteckige Anordnung roter und blauer Punkte. Dabei seien Zeilen- und Spaltenzahl gerade. In jeder Zeile gibt es die gleiche Zahl roter und blauer Punkte; entsprechendes gelte für die Spalten. Wenn zwei gleichfarbene Punkte in einer Zeile oder Spalte benachbart liegen, verbinden wir sie durch eine Strecke ihrer gemeinsamen Farbe. Man zeige, daß es insgesamt gleich viele rote und blaue Strecken gibt.

Lösung

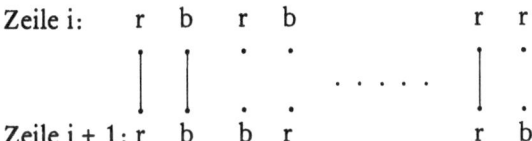

Wir betrachten zwei benachbarte Zeilen, Zeile i und Zeile i + 1. Liegen einander zwei Punkte derselben Farbe gegenüber, so sind sie durch eine Strecke dieser Farbe verbunden. Wir nennen solche Punkte „verbunden", verschiedenfarbige Punkte nennen wir „getrennt". In jeder Zeile gibt es so viele rote wie blaue Punkte. Daher liegen in jeder Zeile gleichviele rote Punkte. Benachbarte Zeilen haben offensichtlich dieselbe Anzahl verbundener roter Punkte (und deswegen auch dieselbe Anzahl getrennter roter Punkte).

Da ein getrennter roter Punkt der Zeile i einem getrennten blauen Punkt der Zeile i + 1 gegenüberliegt, gilt

Anzahl der getrennten blauen Punkte in Zeile i + 1
= Anzahl der getrennten roten Punkte in Zeile i
= Anzahl der getrennten roten Punkte in Zeile i + 1.

In Zeile i + 1 gibt es daher so viele getrennte rote wie getrennte blaue Punkte. In dieser Zeile ist aber die Zahl der roten Punkte gleich der Zahl der blauen Punkte, weswegen auch in Zeile i + 1 die Zahl der verbundenen roten Punkte mit der Zahl der verbundenen blauen Punkte übereinstimmt. Deswegen gibt es zwischen Zeile i und Zeile i + 1 gleich viele rote und blaue Strecken. Dasselbe gilt auch für benachbarte Spalten, woraus sich die Behauptung ergibt. ●

Problem 48

Die Methode von Swale*

Bei gegebenem Kreisrand C ist es einfach, den Mittelpunkt und den Radius des zugehörigen Kreises zu bestimmen. Üblicherweise konstruiert man die Mittelsenkrechten zweier Sehnen und erhält so den Mittelpunkt. Danach ist der Radius unmittelbar zu bestimmen. Während man zwei Kreisbögen braucht, um eine Mittelsenkrechte zu konstruieren, benötigt man insgesamt nur drei Bögen zur Konstruktion der Mittelsenkrechten auf zwei aneinanderstoßende Sehnen (wobei ein Bogen den beiden Bogenpaaren gemeinsam ist). Insgesamt braucht man also mindestens drei Bögen und zwei Strecken. Man begründe die folgende Radiuskonstruktion — bekannt als Methode von Swale —, wobei nur zwei Bögen und zwei Strecken gezogen werden:

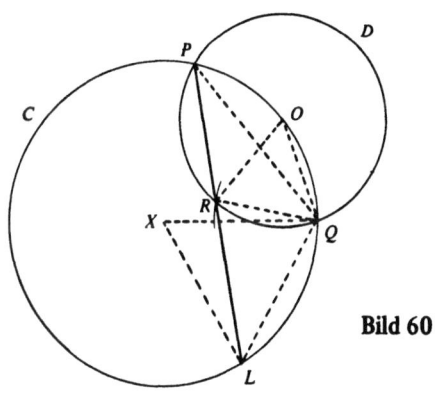

Bild 60

---

* Pi Mu Epsilon, Vol. 1, 1951, S. 146, Problem 1, gestellt von Leo Moser, gelöst von Ding Hwang, University of California.

Man konstruiere zu einem beliebigen Punkt O des Kreisrandes C einen Kreis D, der C in P und Q schneide. Mit Q als Mittelpunkt und dem Radius von D als Radius bestimme man den Punkt R auf D im Inneren von C. PR schneide C in L. Dann ist QL (und LR) der Radius von C.

Lösung

Offensichtlich haben alle Seiten des Dreiecks QOR die Länge des Radius von D. Dieses Dreieck ist daher gleichseitig; $\angle$ ROQ = 60° (Bild 60). Folglich gilt $\angle$ RPQ = 30° (als Peripheriewinkel in beiden Kreisen). Der Winkel LXQ im Mittelpunkt X von C beträgt somit ebenfalls 60°. Das Dreieck XQL ist ebenfalls gleichseitig es gilt sodann QL = r.

(Es ist einfach zu beweisen, daß die Dreiecke RQL und XOQ kongruent sind, woraus man RL = OX = r erhält.) ●

Problem 49

$\pi(n)$

Die Primzahlen sind seit langem für die Mathematiker von besonderem Interesse. Eine hervorragende elementare Darstellung dieses faszinierenden Gebietes findet man im Kapitel III des Buches *Theory of Numbers* von W. Sierpiński, S. 110–155. Eine der interessanten Funktionen, die für Primzahluntersuchungen wichtig ist, ist die Funktion $\pi(n)$, die die Anzahl der Primzahlen kleiner oder gleich n angibt.

Man zeige $\pi(n) \geqslant \dfrac{\log n}{\log 4}$.

Lösung

Der bedeutende ungarische Mathematiker Paul Erdös fand den folgenden elementaren Beweis für dieses Ergebnis (vgl. S. 130 des oben zitierten Buches von Sierpiński).

Es sei m eine natürliche Zahl und k^2 das größte Quadrat, das m teilt, weiter gelte $m = k^2 \cdot v$. v enthält dabei keinen mehrfachen Faktor, da sonst k^2 nicht das größte Quadrat wäre, das m teilt. (Man nennt v den „quadratfreien Kern" von m.)

Nun sei n eine feste natürliche Zahl. Wir betrachten die natürlichen Zahlen $m \leqslant n$. Jede der Zahlen $m = 1, 2, \ldots, n$ werde in der Form $m = k^2 v$ dargestellt (v quadratfreier Kern von m). Weil jedenfalls $k^2 \leqslant m \leqslant n$ gilt, muß k eine der Zahlen $1, 2, 3, \ldots, [\sqrt{n}]$ sein, wobei $[\sqrt{n}]$ die größte ganze Zahl bezeichnet, die nicht größer ist als $\sqrt{n}$. Außerdem müssen wegen $v \leqslant m \leqslant n$ alle Primteiler von v Primzahlen $\leqslant n$ sein. Diese Primteiler gehören also zu $p_1, p_2, \ldots, p_{\pi(n)}$. Weil v ein Produkt von Zahlen aus dieser Menge ist, ist v eine der Zahlen

$$p_1^{a_1} p_2^{a_2} \cdots p_{\pi(n)}^{a_{\pi(n)}},$$

wobei jeder Exponent a_i entweder 0 oder 1 ist (v enthält keine mehrfachen Faktoren). Da jedes a_i gleich 0 oder 1 sein kann, gibt es $2^{\pi(n)}$ verschiedene Zahlen dieser Form. Zusammenfassend muß dann für jedes $m = k^2 v \leq n$, wobei v ohne mehrfache Faktoren ist, k zur $[\sqrt{n}]$ elementigen Menge $X = \{1, 2, 3, \ldots, [\sqrt{n}]\}$ gehören; außerdem muß v in der $2^{\pi(n)}$ elementigen Menge

$$Y = \left\{ p_1^{a_1} p_2^{a_2} \ldots p_{\pi(n)}^{a_{\pi(n)}} \,\Big|\, a_i = 0 \text{ oder } 1 \right\}$$

liegen.

Zu jeder der Zahlen $m = 1, 2, \ldots, n$ gehört ein k in X und ein v in Y mit $m = k^2 \cdot v$. Umgekehrt erhält man durch geeignete Wahl von k in X und v in Y für jede der Zahlen $1, 2, \ldots, n$ eine Darstellung der Form $k^2 \cdot v$. Folglich gelangt man zu einer Menge von Zahlen, die die Zahlen $1, 2, \ldots, n$ enthält, wenn man k in X und v in Y auf alle möglichen Arten auswählt und dann die Zahlen $k^2 v$ bildet. Insgesamt entstehen $[\sqrt{n}] \cdot 2^{\pi(n)}$ Zahlen. Deswegen gilt

$$[\sqrt{n}] \cdot 2^{\pi(n)} \geq n.$$

Nach Definition gilt $\sqrt{n} \geq [\sqrt{n}]$ und deswegen auch

$$\sqrt{n} \cdot 2^{\pi(n)} \geq n, \quad 2^{\pi(n)} \geq \sqrt{n},$$
$$\pi(n) \cdot \log 2 \geq \tfrac{1}{2} \cdot \log n$$

oder

$$\pi(n) \geq \frac{\log n}{2 \cdot \log 2} = \frac{\log n}{\log 4} \bullet$$

Im 19. Jahrhundert bewies der russische Mathematiker P. Tschebyscheff den wesentlich stärkeren Satz:

$$\pi(n) > \frac{n}{12 \cdot \log n}.$$

(Einen Beweis findet man auf Seite 149 des eingangs zitierten Buches von Sierpiński.)

Ein kurzes Problem, das $\pi(n)$ betrifft, hat Paul Erdös im AMM, 1944, S. 479, Problem 4083 angegeben. Die Lösung stammt von Whitney Scobert, University of Oregon:

Ist $a_1 < a_2 < ... < a_k \leq n$ eine beliebige Folge natürlicher Zahlen, so daß kein a_i das Produkt der anderen a_j teilt, so ist zu zeigen, daß $k \leq \pi(n)$ gilt.

Lösung

Damit a_i kein Teiler des Produkts der übrigen Folgenglieder ist, muß dieses a_i einen Primfaktor $p_i \in \{p_1, p_2, ..., p_{\pi(n)}\}$ enthalten, dessen Exponent in der Zerlegung von a_i größer ist als die Summe der Exponenten von p_i in der Primfaktorzerlegung der übrigen a_j. Zu jedem a_i gehört ein solches p_i, wobei nicht zwei Folgengliedern dasselbe p_i entsprechen kann. Deswegen gibt es nicht mehr Folgenglieder als Primzahlen in $\{p_1, p_2, ..., p_{\pi(n)}\}$. Das bedeutet $k \leq \pi(n)$. ●

Problem 50

Eine Sehne konstanter Länge*

Zwei Kreise Q und R schneiden sich in den Punkten A und B (Bild 61). Ein Punkt P auf dem Bogen von Q, der außerhalb von R liegt, bestimmt mit A und B zwei Geraden, deren Schnittpunkte C und D mit R die Sehne CD ergeben. Man zeige, daß die Länge von CD von der Wahl des Punktes P unabhängig ist.

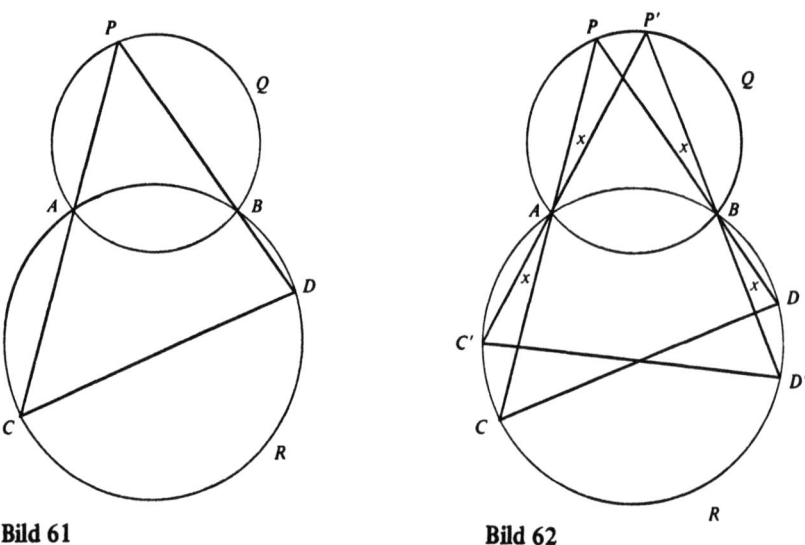

Bild 61   **Bild 62**

---

* AMM, 1933, S. 265, "On Two Intersecting Spheres" von N. A. Court, University of Oklahoma.

Lösung

P und P' bezeichnen zwei Lagen von P, die den Sehnen CD und C'D' entsprechen (Bild 62). Dann gilt

∡ PAP' = ∡ PBP'
∡ PAP' = ∡ CAC'
∡ PBP' = ∡ DBD',

woraus ∡ CAC' = ∡ DBD' folgt. Das bedeutet, daß die Bögen zwischen C und C' und zwischen D und D' gleichlang sind. Fügt man die Länge des Bogens CD' zu diesen Bögen hinzu, so erhält man

Bogenlänge C'D' = Bogenlänge CD,

woraus

C'D' = CD   folgt. ●

Problem 51

Die Anzahl der inneren Diagonalen*

Ein einfaches Polygon ist ein solches ohne Selbstüberschneidungen. Dabei muß aber ein einfaches n-Eck keineswegs konvex sein; auch können viele Diagonalen teilweise oder ganz im Äußeren eines solchen n-Ecks liegen. Man zeige, daß dennoch jedes einfache n-Eck mindestens n − 3 Diagonalen in seinem Inneren enthält.

Lösung

Die Behauptung gilt offensichtlich für Vierecke (Bild 63). Wir nehmen nun die Gültigkeit der Behauptung für alle (einfachen) k-Ecke mit k = 4, 5, ..., n an und untersuchen das einfache (n + 1)-Eck P. Für ein Polygon gilt weiter, daß mindestens eine seiner Diagonalen in seinem Inneren verläuft. Einen Beweis dafür findet man in Ross Honsberger, *Ingenuity in Mathematics*, Vol. 23, New Mathematical Library, Mathematical Association of America, S. 35. d sei eine der ganz im Inneren von P verlaufenden Diagonalen, die P in ein r_1-Eck und ein r_2-Eck zerlege. Die Induktionsvoraussetzung ergibt dann die Existenz von r_1-3 und r_2-3 inneren Diagonalen von P, die innere Diagonalen der beiden Teilpolygone sind. Zusammen mit d selbst ergibt das eine Anzahl von mindestens $r_1 + r_2 - 5$ inneren Diagonalen in P.

Die Gesamtseitenzahl in beiden Teilpolygonen ist durch $r_1 + r_2$ gegeben. Dabei kommt jede Seite von P einmal und die Diagonale d zweimal vor. Das bedeutet $r_1 + r_2 = n + 3$. Das wiederum heißt, daß P mindestens $r_1 + r_2 - 5 = n + 3 - 5 = n - 2 = (n + 1) - 3$ innere Diagonalen enthält. Damit ist die Behauptung durch Induktion gezeigt. ●

---

* AMM, 1970, S. 1111, Problem E 2214, gestellt von Murray Klamkin, Ford Scientific Laboratory und von B. Ross Taylor, York High School.

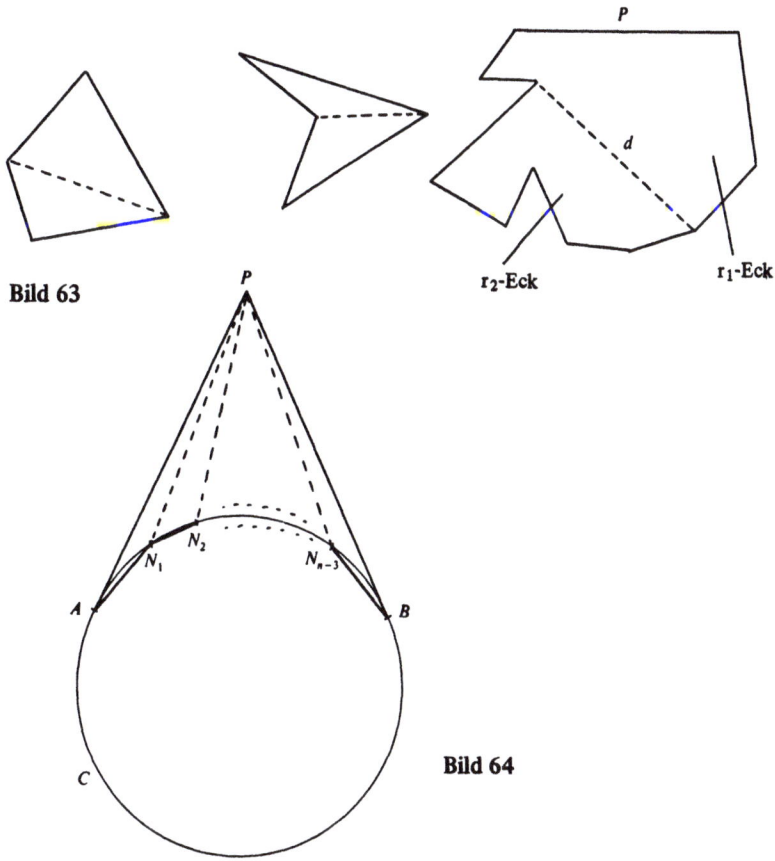

Bild 63

Bild 64

Weil es zu jeder natürlichen Zahl n ein n-Eck mit genau n − 3 inneren Diagonalen gibt, erkennt man, daß n − 3 die höchste Zahl innerer Diagonalen ist, auf die man immer zählen kann. Wir ziehen Tangenten an einen Kreis C, die diesen in A und B berühren und die einander in P schneiden (Bild 64). Durch die Wahl der Punkte $N_1, N_2, \ldots, N_{n-3}$ auf dem durch A und B bestimmten Kreisbogen, der näher an P liegt, erhalten wir ein n-Eck $PAN_1N_2 \ldots N_{n-3}B$ mit genau n − 3 inneren Diagonalen PN_i, die alle von P ausgehen.

R. B. Eggleton aus Australien hat bewiesen, daß ein einfaches n-Eck dann und nur dann genau n − 3 innere Diagonalen enthält, wenn keine zwei inneren Diagonalen einander schneiden.

Problem 52

Gefälschte Würfel*

Man beweise, daß es unmöglich ist, ein Würfelpaar so zu fälschen, daß die Augensummen 2, 3, ..., 12 alle gleichwahrscheinlich sind. Wie üblich sei dabei angenommen, daß die Würfel unterscheidbar sind (d. h., „2 Augen auf dem ersten und 4 Augen auf dem zweiten Würfel" ist ein Ereignis, das verschieden ist vom Ereignis „4 Augen auf dem ersten und 2 Augen auf dem zweiten Würfel", obwohl die Augensumme in beiden Fällen den gleichen Wert liefert).

Lösung

p_i sei die Wahrscheinlichkeit, daß mit dem ersten Würfel die Augenzahl i geworfen wird; q_i die entsprechende Wahrscheinlichkeit für den zweiten Würfel. Die Wahrscheinlichkeit der Augensumme 2 ist dann gerade $p_1 q_1$, die der Augensumme 12 ist $p_6 q_6$. Wenn alle elf Wahrscheinlichkeiten einander gleich wären, wären sie alle zu 1/11 gleich. Die Wahrscheinlichkeit der Summe 7 ist

$$\frac{1}{11} = p_1 q_6 + p_2 q_5 + \ldots + p_6 q_1$$
$$\geq p_1 q_6 + p_6 q_1 = p_1 q_6 \left(\frac{q_1}{q_1}\right) + p_6 q_1 \left(\frac{q_6}{q_6}\right) =$$
$$= p_1 q_1 \left(\frac{q_6}{q_1}\right) + p_6 q_6 \left(\frac{q_1}{q_6}\right) = \frac{1}{11}\left(\frac{q_6}{q_1}\right) + \frac{1}{11}\left(\frac{q_1}{q_6}\right) =$$
$$= \frac{1}{11}\left(\frac{q_6}{q_1} + \frac{q_1}{q_6}\right).$$

---

* AMM, 1951, p. 191, Problem E 925, gestellt von J. B. Kelly, University of Wisconsin, gelöst von Leo Moser und J. H. Wahab, University of North Carolina.

Das bedeutet

$$\frac{q_6}{q_1} + \frac{q_1}{q_6} \leq 1.$$

Die Summe einer positiven reellen Zahl x und ihres Reziprokwertes $\frac{1}{x}$, also x + (1/x), ist aber nie kleiner als 2. Deshalb ist die Unmöglichkeit einer solchen Fälschung gezeigt. ●

Problem 53

Eine merkwürdige Folge*

Man stelle sich folgendes vor. Beim Abzählen der Zahlenreihe 1, 2, 3, ... bestimmt man eine Folge U, indem man

die erste ungerade Zahl (nämlich 1)
die nächsten beiden geraden Zahlen (2 und 4)
die nächsten drei ungeraden Zahlen (5, 7 und 9)
die nächsten vier geraden Zahlen (10, 12, 14, 16)
die nächsten fünf ungeraden Zahlen (17, 19, 21, 23, 25)

herausgreift und so weitermacht.

U: 1, 2, 4, 5, 7, 9, 10, 12, 14, 16, 17, 19, ...

Man zeige, daß das n-te Glied u_n dieser Folge durch die Formel

$$u_n = 2n - \left[\frac{1 + \sqrt{8n-7}}{2}\right]$$

gegeben ist. Dabei bezeichnet [x] die größte ganze Zahl kleiner oder gleich x.

Lösung

Wir vergleichen U mit der Folge E der geraden Zahlen; D sei die Folge der Differenzen entsprechender Folgenglieder von U und E:

---

* AMM, 1960, S. 380, Problem E 1382, gestellt von Ian Connwell, University of Manitoba, gelöst von Andrew Korsak, University of Toronto.

$D \equiv \{d_n\}$. Wir werden zeigen, daß in D zuerst einmal 1 kommt, dann zweimal 2, dreimal 3, ..., n-mal n, ...

$$E \equiv \{2n\} : 2, \mid 4, 6, \mid 8, 10, 12 \mid 14, 16, 18, 20, \mid 22, ...,$$
$$U \equiv \{u_n\} : 1, \mid 2, 4, \mid 5, 7, 9 \mid 10, 12, 14, 16, \mid 17, ...,$$
$$D \equiv \{d_n\} : 1, \mid 2, 2, \mid 3, 3, 3, \mid 4, 4, 4, 4, \mid 5, ...$$

Die Glieder in U sind gruppenweise definiert: eine Gruppe mit einem Glied, die zweite mit zwei Gliedern, die dritte mit drei, usw. Innerhalb einer Gruppe (egal ob aus geraden oder ungeraden Zahlen bestehend) wachsen die Glieder jeweils um 2 an; das gleiche Verhalten zeigen die geraden Zahlen. Die Differenzenfolge D bleibt daher innerhalb einer Gruppe konstant. Geht man aber zur folgenden Gruppe über, so steigen die geraden Zahlen weiter um 2 an, während die gegebene Folge U durch Umschalten von „gerade" auf „ungerade" oder umgekehrt nur um 1 ansteigt. Folglich steigt die Differenz um 1 (und bleibt innerhalb dieser zweiten Gruppe wieder konstant). Deshalb sehen die Glieder von D so aus, wie behauptet. Durch Ableitung einer Formel für d_n erhalten wir die verlangte Formel für u_n aus der Beziehung

$$u_n = 2n - d_n.$$

Wir wollen jetzt bei festem n das Glied d_n bestimmen. Wie gesagt treten die Glieder von D gruppenweise mit gleichem Wert auf:

$$(1), (2, 2), (3, 3, 3), ..., \underbrace{(k-1, k-1, ..., k-1)}_{(k-1)\text{-mal}}, \underbrace{(k, k, ..., k)}_{k\text{-mal}}$$

Wir müssen die Gruppe finden, in der d_n liegt. Liegt d_n in der k-ten Gruppe, so gilt $d_n = k$. Vor der k-ten Gruppe stehen als Folgenglieder einmal 1, zweimal 2, dreimal 3, ..., $(k-1)$-mal $(k-1)$, was insgesamt

$$1 + 2 + 3 + ... + (k-1) = \frac{(k-1)k}{2} \text{ Glieder ergibt.}$$

Wenn daher d_n in der k-ten Gruppe liegt, so folgt daraus, weil d_n in der Folge an der n-ten Stelle geht, die Beziehung

$$\frac{(k-1)k}{2} + 1 \leqslant n < \frac{[(k+1)-1](k+1)}{2} + 1.$$

Läge d_n zum Beispiel in der zehnten Gruppe, so bedeutete dies

$$\frac{(10-1)10}{2} + 1 \leqslant n < \frac{(11-1)11}{2} + 1.$$

Natürlich gilt in diesem Fall auch $(9-1)9/2 + 1 \leqslant n$, $(8-1)8/2 + 1 \leqslant n$, ..., $(1-1)1/2 + 1 \leqslant n$. Von allen ganzen Zahlen der Form $(m-1)m/2 + 1$, die nicht größer als n sind, ist die die größte, die $m = k$ erfüllt. $k = d_n$ ist also die größte ganze Zahl m, die $(m-1)m/2 + 1 \leqslant n$ oder $m^2 - m + 2(1-n) \leqslant 0$ erfüllt.

$m^2 - m + 2(1-n)$ ist nicht positiv, wenn m im abgeschlossenen Intervall zwischen den beiden Wurzeln der Gleichung $m^2 - m + 2(1-n) = 0$ liegt; diese Wurzeln sind

$$m = \frac{1 \pm \sqrt{1 - 8(1-n)}}{2} = \frac{1 \pm \sqrt{8n-7}}{2}.$$

Daher ist k die größte ganze Zahl im Bereich

$$\frac{1 - \sqrt{8n-7}}{2} \leqslant m \leqslant \frac{1 + \sqrt{8n-7}}{2}.$$

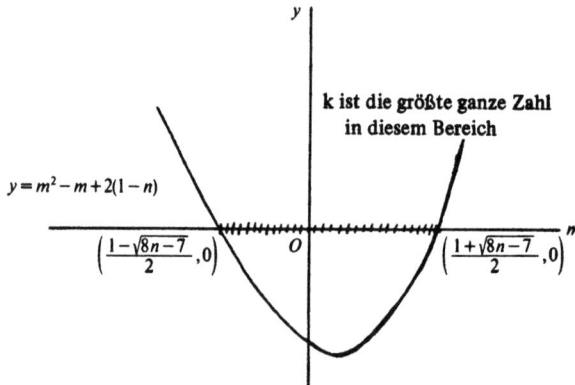

Bild 65

Die Ganzzahligkeit von k bedeutet weiterhin
$$d_n = k = \left\lfloor \frac{1 + \sqrt{8n-7}}{2} \right\rfloor,$$
woraus sich die verlangte Formel
$$u_n = 2n - \left\lfloor \frac{1 + \sqrt{8n-7}}{2} \right\rfloor$$
ergibt. •

Nathan Mendelson (University of Manitoba) machte auf die komplementäre Folge $V \equiv \{v_n\}$ aufmerksam, die aus den natürlichen Zahlen gebildet wird, die nicht Glieder von U sind:

$V \equiv \{v_n\}$: 3, 6, 8, 11, 13, 15, 18, 20, 22, 24, 27, ...

Er wies darauf hin, daß auch die Glieder von V in Gruppen zusammenfaßbar sind, wobei die erste Gruppe eine ungerade Zahl enthält, die zweite zwei gerade Zahlen, die dritte drei ungerade, usw. Außerdem zeigte er, daß man v_n durch Addition von d_n zu $2n$ erhält:

$$v_n = 2n + d_n = 2n + \left\lfloor \frac{1 + \sqrt{8n-7}}{2} \right\rfloor.$$

Das ergibt sich unmittelbar aus der Beziehung $u_n + v_n = 4$, deren (einfacher) Beweis dem Leser als Übung überlassen sei.

Problem 54

Lange Kette aufeinanderfolgender natürlicher Zahlen*

Obwohl es unendlich viele Primzahlen gibt, werden die Lücken zwischen aufeinanderfolgenden Primzahlen beliebig groß. Das erkennt man leicht, wenn man für alle natürlichen Zahlen n die Zahlen

$$(n + 1)! + 2, (n + 1)! + 3, \ldots, (n + 1)! + (n + 1)$$

betrachtet, die eine Menge von n aufeinanderfolgenden zusammengesetzten Zahlen bilden.

Man beweise, daß es ebenfalls beliebig lange (endliche) Ketten aufeinanderfolgender Zahlen gibt, die alle durch ein von 1 verschiedenes Quadrat teilbar sind.

Lösung

Wir werden durch Induktion zeigen, daß es zu jeder natürlichen Zahl n eine Menge von n aufeinanderfolgender natürlichen Zahlen gibt, von denen jede durch ein von 1 verschiedenes Quadrat teilbar ist.

(i) Für n = 1 erfüllt jede Quadratzahl größer als 1 diese Anforderung.

(ii) Nun sei für n ⩾ 1 jede der n aufeinanderfolgenden Zahlen

$$a_1, a_2, a_3, \ldots, a_n$$

---

* MM 1952, S. 221, Problem 106, gestellt von E. P. Starke, Rutgers University, gelöst von S. B. Akers, Jr., U. S. Coust Guard Headquaters, Washington D.C.

durch ein Quadrat (> 1) teilbar. Wir suchen n + 1 aufeinanderfolgende Zahlen mit eben dieser Eigenschaft.

s_i bezeichne eine von 1 verschiedene Quadratzahl, die a_i teilt (i = 1, 2, ..., n). Weiter sei L das Produkt dieser s_i. Weil die a_i aufeinander folgen, gilt $a_2 = a_1 + 1$. Unter Beibehaltung dieser Bezeichnung bezeichnen wir mit a_{n+1} die Zahl $a_n + 1$.

$a_1, a_2, ..., a_{n+1}$ ist also eine Kette von n + 1 aufeinanderfolgender Zahlen. Die Zahl a_{n+1} (L + 2) L bezeichnen wir mit A. Weil A den Faktor L enthält, ist A durch jedes s_i teilbar. Wir betrachten weiter die n + 1 natürlichen Zahlen

$A + a_1, A + a_2, ..., A + a_{n+1}$,

die ebenfalls unmittelbar aufeinander folgen. Für i = 1, 2, ..., n teilt s_i sowohl A als auch a_i, weswegen die ersten n Zahlen der Kette alle eine Quadratzahl (> 1) als Teiler enthalten. Für die letzte Zahl der Kette gilt

$A + a_{n+1} = a_{n+1} (L + 2) L + a_{n+1} =$
$= a_{n+1} (L^2 + 2L + 1) = a_{n+1} (L + 1)^2$.

Wegen $s_i > 1$ ist $L > 1$ und $(L + 1)^2$ ein Quadrat, das ebenfalls größer als 1 ist. Folglich enthalten alle n + 1 Zahlen der Kette ein von 1 verschiedenes Quadrat, woraus die Behauptung folgt (Induktion). •

In derselben Art kann man zeigen, daß es für jede natürliche Zahl n eine Kette von n aufeinanderfolgenden natürlichen Zahlen gibt, von denen jede durch eine vollkommene m-te Potenz > 1 teilbar ist. Dabei ist $m > 2$ eine beliebige, aber feste ganze Zahl. Es genügt die s_i als von 1 verschiedene m-te Potenz anzunehmen und A in

$A = a_{n+1} [(L + 1)^m - 1]$

abzuändern.

Die Beweise wurden so geführt, daß nicht nur die Existenz von Folgen der gewünschten Art bewiesen wurde. Die Beweise enthalten ein Konstruktionsverfahren, mit dem man die Folgen durch Iteration des Vorganges bestimmen kann. Die einzige von L verwendete Eigenschaft war die, durch alle s_i teilbar zu sein, weswegen man für L auch das kleinste gemeinsame Vielfache der s_i nehmen kann. Das ist meist eine Zahl, die kleiner ist als das Produkt, wodurch die Berechnung erleichtert wird.

Es scheint mir wirklich bemerkenswert, daß irgendwo in der Reihe der natürlichen Zahlen eine Trillion Zahlen (oder so viele, wie man gerade möchte) nacheinander stehen, die alle eine trillionte Potenz > 1 als Teiler enthalten, und daß man diese Kette wirklich konstruieren kann, wobei natürlich genügend Zeit vorhanden sein muß!

Problem 55

Ein minimales eingeschriebenes Viereck*

ABCD sei ein Sehnenviereck, dessen Diagonalen einander in X schneiden mögen. P, Q, R und S seien die Fußpunkte der Lote auf die Seiten des Vierecks, die durch X gehen. Man zeige, daß von allen Vierecken, die je eine Ecke auf jeder Seite von ABCD liegen haben, PQRS das mit minimalem Umfang ist.

Lösung

Wir fangen mit dem Beweis dafür an, daß PS und PQ mit AB den gleichen Winkel einschließen (Bild 66).

$\angle APS = \angle BPQ$

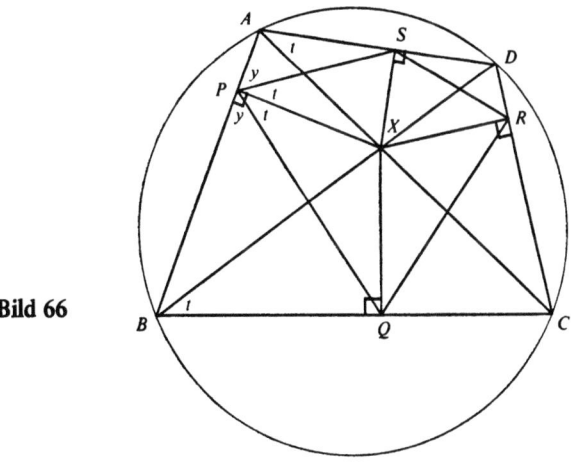

Bild 66

---

* AMM, 1926, S. 161, Problem 2728, gestellt von G. Y. Sosnow, Newark, New Jersey, gelöst von Michael Goldberg.

Es genügt zu zeigen, daß die entsprechenden Komplementärwinkel einander gleichen:

∢ SPX = ∢ QPX.

Wegen der beiden rechten Winkel (in Q und P) ist PBQX sicher ein Sehnenviereck, woraus ∢ QPQ = ∢ QBX folgt. APXS ist ebenfalls ein Sehnenviereck, was ∢ SPX = ∢ SAX bedeutet. Im gegebenen Kreis gilt ∢ CBD = ∢ = CAD. Das ergibt ∢ QPX = ∢ SPX, wie behauptet. Ähnliches gilt für alle Ecken, von PQRS: Die Seiten dieses Vierecks schließen mit den entsprechenden Seiten von ABCD den gleichen Winkel ein.

Als Folge davon ergibt sich, daß bei Spiegelung von PQRS an einer Seite von ABCD das Bild einer Seite, die die Spiegelgerade trifft, gerade die zweite Seite dieser Art ist (Bild 67).

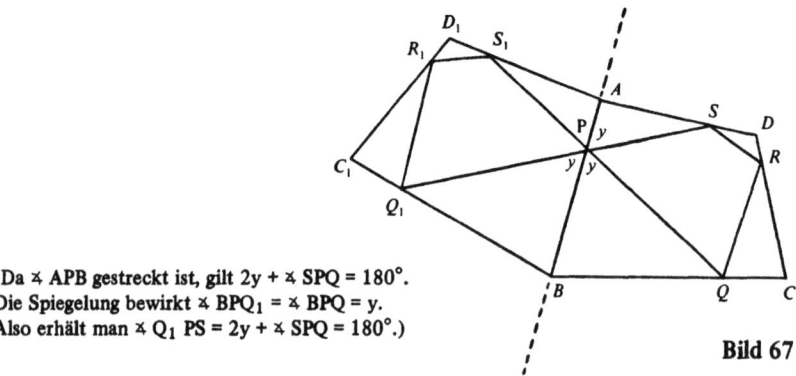

(Da ∢ APB gestreckt ist, gilt 2y + ∢ SPQ = 180°.
Die Spiegelung bewirkt ∢ BPQ$_1$ = ∢ BPQ = y.
Also erhält man ∢ Q$_1$ PS = 2y + ∢ SPQ = 180°.)

Bild 67

Deshalb können wir den Umfang von PQRS durch eine Folge von drei Spiegelungen, I, II und III, wie gezeigt strecken (Bild 68). Wir erhalten dabei natürlich gerade vier aneinanderstoßende, zueinander kongruente Bilder vom Viereck PQRS, das im Inneren von ABCD liegt. Das ergibt A$_2$S$_3$ = AS. Die Wechselwinkel D$_2$S$_3$R$_2$ und ASP sind gleich (jeder ist zu ∢ DSR gleich), weswegen sie parallel sein müssen. A$_2$ASS$_3$ ist also ein Parallelogramm, weswegen der auf eine Gerade geklappte Umfang SS$_3$ von PQRS mit AA$_2$ übereinstimmt.

140

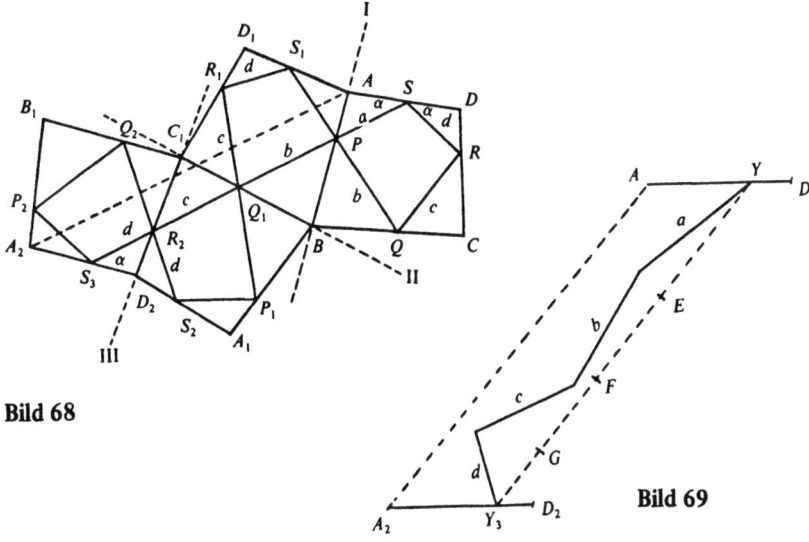

Bild 68

Bild 69

Durch dieselben Spiegelungen wird der Umfang jedes Vierecks aufgeklappt, das je eine Ecke auf jeder Seite von ABCD liegen hat. Ist Y die Ecke auf AD in einem solchen Viereck und ist Y_3 das Bild dieser Ecke auf A_2D_2, so erkennt man, daß auch A_2AYY_3 ein Parallelogramm ist, weil A_2Y_3 und AY gleichlang und parallel sind (Bild 69). Folglich gilt $YY_3 = AA_2$. Der aufgeklappte Umfang verläuft zwischen Y und Y_3.

Bildet er eine gebrochene Linie, so ist er länger als YY_3. In Minimalstellung stimmt diese Linie also mit YY_3 überein, was gleich AA_2, dem Umfang von PQRS, ist. PQRS hat daher minimalen Umfang. •

Man beachte folgendes: Sind E, F und G die Punkte auf YY_3, die die Schnittpunkte von YY_3 mit AB, BC_1 und C_1D_2 bilden, so entsprechen jene Punkte Punkten auf den anderen drei Seiten von ABCD, die ein eingeschriebenes Viereck T bestimmen. Das Aufklappen von T ergibt einfach YY_3 als Umfang von T. Folglich gibt es zu jedem Punkt Y auf AD ein ABCD eingeschriebenes Viereck mit Y als Ecke und minimalem Umfang.

Problem 56

Dreieckszahlen

Die Anzahl der Scheiben in den dreieckigen Anordnungen von Bild 70 bestimmen die Folge der Dreieckszahlen. Die Folge beginnt mit 1, 3, 6, 10, 15, 21, 28, 36, 45, ..., das n-te Glied ist durch

$$t_n = 1 + 2 + 3 + \ldots + n = \frac{n(n+1)}{2}$$

gegeben. Wegen $t_n = t_{n-1} + n$ kann man die ersten Folgenglieder leicht im Kopf berechnen:

1, (2 dazu) 3, (3 dazu) 6, (4 dazu) 10, (5 dazu) 15, (6 dazu) 21, 28, 36, 45, 55, 66, 78, 91, 105, 136, 153, ...

In diesem Abschnitt betrachten wir sieben kleine Probleme, die mit Dreieckszahlen zusammenhängen.

(i) *Man zeige, daß jede ungerade Quadratzahl im Oktalsystem (Basis 8) auf 1 endet und daß man eine Dreieckszahl erhält, wenn man diese 1 abschneidet.* *

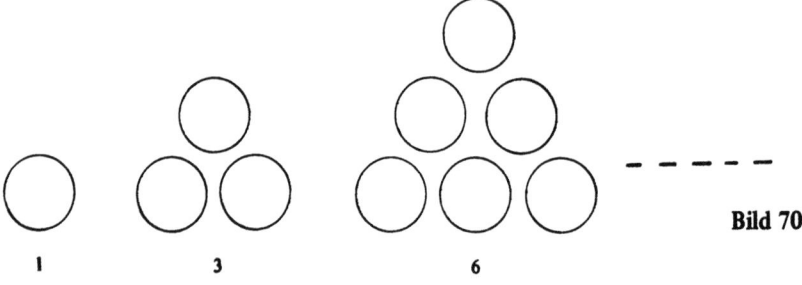

Bild 70

---

* MM, 1935–36, S. 313, Problem 115, gestellt und gelöst von G. W. Wishard, Norwood, Ohio.

Lösung

Weil eine der beiden benachbarten Zahlen n und n + 1 gerade ist, gilt mit einer geeigneten natürlichen Zahl k

$$(2n + 1)^2 = 4n^2 + 4n + 1 = 4n(n + 1) + 1 = 8k + 1.$$

Im Oktalsystem endet daher eine ungerade Quadratzahl auf 1.

Das Abschneiden der letzten Ziffer 1 in der Oktaldarstellung der Zahl m liefert als Ergebnis die Zahl $(m - 1)/8$. In unserem Fall entsteht so die Zahl

$$\frac{(2n + 1)^2 - 1}{8} = \frac{4n(n + 1)}{8} = \frac{n(n + 1)}{2} = t_n,$$

die n-te Dreieckszahl. •

(ii) *Man beweise, daß jede Zahl, deren Zifferndarstellung im Neunersystem nur aus Einsern besteht, eine Dreieckszahl ist:*

1, 11, 111, 1111, ...*

Lösung

Die erste Zahl in dieser Folge, 1, ist offensichtlich eine Dreieckszahl. Hängt man an die Darstellung einer Zahl k im Neunersystem am Ende eine Ziffer 1 an, so entsteht die Zahl $9k + 1$. Ist k die Dreieckszahl $n(n + 1)/2$, so erhalten wir

$$9 \cdot \frac{n(n + 1)}{2} + 1 = \frac{9n^2 + 9n + 2}{2} = \frac{(3n + 1)(3n + 2)}{2},$$

was wieder eine Dreieckszahl ist. Daraus erhält man durch Induktion die Behauptung. •

Fügt man an die Darstellung der Zahl k im Dreiersystem hinten 01 an, so erhält man ebenfalls die Zahl $9k + 1$. Eine Dreieckszahl bleibt also durch Anfügen von 01 in ihrer Dreierdarstellung eine solche.

---

* AMM, 1932, S. 179, Problem 3480, gestellt von G. W. Wishard, Norwood, Ohio, gelöst von Helen A. Merrill, Wellesley College.

Bezüglich der Basis 25 erhält man durch Anfügen der Ziffer 3 an die Darstellung der Dreieckszahl n (n + 1)/2

$$25 \cdot \frac{n(n+1)}{2} + 3 = \frac{25n^2 + 25n + 6}{2} = \frac{(5n+2)(5n+3)}{2},$$

also wieder eine Dreieckszahl. Das Anhängen von 3 bzw. von 03 an die Darstellung einer Dreieckszahl bezüglich Basis 25 bzw. 5 führt somit wieder zu einer Dreieckszahl.

Allgemein gilt: Hängt man an die Darstellung einer Dreieckszahl bezüglich der Basis $(2k+1)^2$ die Ziffer $\frac{1}{2}k(k+1)$ an oder hängt man an die Darstellung bezüglich der Basis $2k+1$ ($k \leq 3$) die Ziffer 0 und die Ziffer $\frac{1}{2}k(k+1)$, so erhält man wieder eine Dreieckszahl. Analoges gilt für die Darstellung einer Dreieckszahl bezüglich der Basis $2k+1$ ($k > 3$), wenn man hier die beiden Ziffern anhängt, die die Zahl $\frac{1}{2}k(k+1)$ darstellen.

(iii) *Es sei* N = 0,1360518 ..., *gebildet aus den letzten Ziffern der Dreieckszahlen. Ist* N *rational oder irrational?**

Lösung

Die Folge der Dreieckszahlen beginnt mit

1, 3, 6, 10, 15, 21, 28, 36, 45, 55, 66, 78, 91, 105, 120, 136, 153, 171, 190, 210, 231, 253, 276, 300, 325, 351, ...

Die Darstellung von N beginnt daher so:

N = 0,13605186556815063100136051...

---

* AMM, 1936, S. 211, Problem E 1516, gestellt von R. J. Oberg, University of California, gelöst von J. E. Yeager, Temple University.

Man vermutet daher eine 20-stellige Periode. Mit t_n als Bezeichnung für die n-te Dreieckszahl gilt

$$t_{n+20} - t_n = \frac{(n+20)(n+21)}{2} - \frac{n(n+1)}{2}$$

$$= \frac{1}{2}(n^2 + 41n + 420 - n^2 - n)$$

$$= 10(2n + 21).$$

$t_{n+20} - t_n$ endet folglich auf 0, weswegen t_{n+20} und t_n die selbe letzte Ziffer haben. Unsere Vermutung hat sich also bestätigt; N ist daher rational. •

Es fällt auf, daß N fast ein Palindrom ist (d. h. von hinten gelesen so aussieht wie von vorne). Tatsächlich hat

$$\frac{N}{10} = 0{,}01360518655681506310013605 1\ldots$$

eine palindromische Periode.

Ferner ist zu bemerken, daß man beweisen kann, daß ebenfalls eine rationale Zahl N entsteht, wenn man die k letzten Stellen der Dreieckszahlen aneinanderfügt (k = 1, 2, 3, ...). Die Dreieckszahlen sind die Partialsummen der arithmetischen Folge 1, 2, 3, ... Man kann unschwer zeigen, daß auch die aus den letzten k Stellen der Partialsummen einer beliebigen arithmetischen Folge natürlicher Zahlen konstruierte Zahl N rational ist.

(iv) *Man sieht, daß die Dreieckszahlen 1 und 36 zusätzlich Quadratzahlen sind. Man zeige, daß es unendlich viele Dreieckszahlen gibt, die außerdem vollkommene Quadrate sind.* *

---

* AMM, 1962, S. 168, Problem E 1473, gestellt von J. L. Pietenpol, Columbia University, gelöst von A. V. Sylwester, U.S. Naval Ordnance Laboratory, Corona, California.

Lösung

Dies ergibt sich aus der scharfsinnigen Beobachtung, daß $t_{4n(n+1)}$ ein vollkommenes Quadrat ist, vorausgesetzt, daß t_n ein solches ist:

Ist $t_n = \dfrac{n(n+1)}{2} = k^2$, so gilt $4n(n+1) = 8k^2$

und

$$t_{4n(n+1)} = t_{8k^2} = \frac{8k^2(8k^2+1)}{2} = 4k^2(8k^2+1)$$
$$= 4k^2[4n(n+1)+1] = 4k^2(4n^2(4n^2+4n+1)) =$$
$$= 4k^2(2n+1)^2,$$

ein Quadrat. •

(v) *Man beweise, daß die Differenz zwischen den Quadraten zweier benachbarter Dreieckszahlen immer eine vollkommene dritte Potenz ist:* *

$\{t_n\}$: 1, 3, 6, 10, 15, 21, ...,
$\{t_n^2\}$: 1, 9, 36, 100, 225, 441
{Differenzen} : 8, 27, 64, 125, 216, ...

Lösung

Bekannt ist die Formel für die Summe der Kuben der ersten n natürlichen Zahlen:

$$1^3 + 2^3 + \ldots + n^3 = \left[\frac{n(n+1)}{2}\right]^2 = t_n^2.$$

Das liefert $t_{n+1}^2 - t_n^2 = (n+1)^3$, wie verlangt. •

(vi) *Man beweise, daß die Summe der Reziprokwerte der Dreieckszahlen 2 ist:* **

$$\frac{1}{1} + \frac{1}{3} + \frac{1}{6} + \frac{1}{10} + \ldots = 2.$$

---

* AMM, 1933, S. 362, Problem E 21, gestellt von V. F. Invanoff, San Francisco, gelöst von L. S. Johnston, University of Detroit.
** Pi Mu Epsilon, Vol. 2, 1954–59, S. 378, Problem 92, gestellt von Leon Bankoff, Los Angeles, gelöst von Thomas Porsching, Carnegie Institute of Technology.

Lösung

Eine nette geometrische Lösung erhält man unter Verwendung der beiden Hyperbeln $y_1(x) = \frac{1}{x}$ und $y_2(x) = \frac{1}{x-1}$ (Bild 71).

Für eine ganze Zahl $x = n \geqslant 2$ ist die Differenz a_n zwischen den Ordinaten an die beiden Kurven durch

$$a_n = \frac{1}{n-1} - \frac{1}{n} = \frac{1}{n(n-1)} = \frac{1}{2}\frac{2}{n(n-1)} = \frac{1}{2}\left(\frac{1}{t_{n-1}}\right)$$

gegeben. Deswegen gilt $1/t_{n-1} = 2a_n$ und unsere Summe ist

$$\frac{1}{t_1} + \frac{1}{t_2} + \ldots = 2(a_2 + a_3 + \ldots)$$

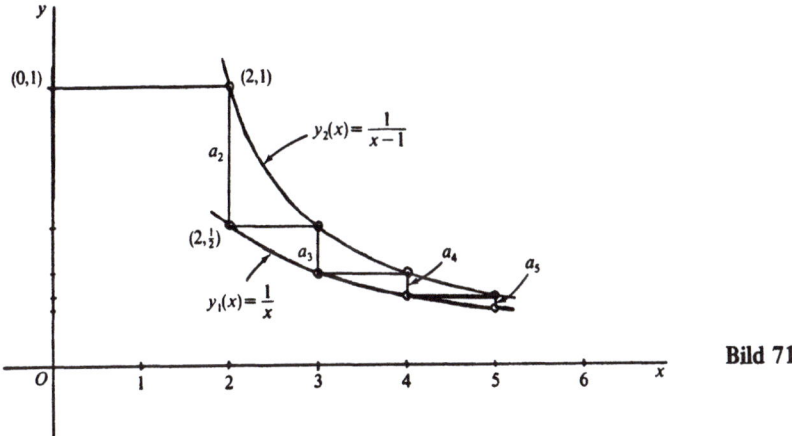

Bild 71

Der Wert von $y_2(x)$ für $x = n$ ist gleich dem Wert von $y_1(x)$ für $x = n - 1$. Die Projektionen a_n auf die y-Achse passen deshalb genau zusammen und formen eine zusammenhängende Strecke vom Punkt (0,1) zum Ursprung. Weil beide Hyperbeln asymptotisch zur positiven x-Achse liegen, füllen die Projektionen diese Strecke der Länge 1 vollkommen aus, woraus

$$a_2 + a_3 + a_4 + \ldots = 1$$

folgt, was unmittelbar zum gesuchten Resultat führt.

Zusätzlich zu dieser geometrischen Lösung gibt es den folgenden, eleganten algebraischen Beweis:

$$\frac{1}{1} + \frac{1}{3} + \frac{1}{6} + \frac{1}{10} + \ldots = \frac{2}{1 \cdot 2} + \frac{2}{2 \cdot 3} + \frac{2}{3 \cdot 4} + \frac{2}{4 \cdot 5} + \ldots$$
$$= 2 \left(\frac{1}{1 \cdot 2} + \frac{1}{2 \cdot 3} + \frac{1}{3 \cdot 4} + \frac{1}{4 \cdot 5} + \ldots \right)$$
$$= 2 \left[\left(1 - \frac{1}{2}\right) + \left(\frac{1}{2} - \frac{1}{3}\right) + \left(\frac{1}{3} - \frac{1}{4}\right) + \ldots \right]$$
$$= 2 \bullet$$

(vii) *Unser letztes Problem verlangt herauszufinden, ob es möglich ist, eine unendliche Folge von Dreieckszahlen so zu bestimmen, daß jede von vorne beginnende Partialsumme wieder eine Dreieckszahl ist.* *

Lösung

Wir stellen uns vor, daß wir schon einen Teil der gesuchten Folge aufgebaut haben, wobei wir noch fordern, daß jede Partialsumme mit letztem Glied t_k den Wert t_{k+1} hat. Dann verlängert das Anfügen des Gliedes $t_{t_{k+1}} - 1$ unsere Folge unter Beibehaltung der geforderten Eigenschaft. Wegen $t_n + (n+1) = t_{n+1}$ gilt nämlich für $n = t_{k+1} - 1$, daß der Wert der neuen Summe durch

$$t_{t_{k+1}-1} + t_{k+1} = t_{t_{k+1}}$$

gegeben ist.

---

* AMM, 1968, S. 410, Problem E 1943, gestellt von J. M. Khatri, Baroda, Indien, gelöst von Bernhard Jacobsen, Franklin and Marshall College.

Eine solche Folge wird durch den Anfangsteil t_3, t_5, t_{20}, t_{230} gestiftet. Die Partialsummen sind (t_3), t_6, t_{21} und t_{231}. Tatsächlich kann man als Anfangsglied jede Dreieckszahl nehmen, die größer ist als die zweite. Die Verlängerungsvorschrift erzeugt dann eine Folge mit der geforderten Eigenschaft. ●

Abschließend bemerken wir, daß man auch eine Folge von Dreieckszahlen so bestimmen kann, daß alle Partialsummen der Folge Quadratzahlen sind. Ein Beispiel ist durch t_1, t_2, t_6, t_{18}, ..., $t_{2 \cdot 3^k}$ gegeben, hier gilt:

$$t_1 + t_2 + t_6 + \ldots + t_{2 \cdot 3^k} = \left(\frac{3^{k+1}+1}{2}\right)^2.$$

Problem 57

Regelmäßige n-Ecke*

$A_1 A_2 \ldots A_n$ sei ein regelmäßiges n-Eck. Man zeige, daß für einen beliebigen Punkt O im Inneren des Polygons mindestens einer der Winkel $A_i O A_j$ einem gestreckten Winkel bis auf den n-ten Teil eines solchen nahe kommt:

$$\pi - \frac{\pi}{n} \leq \sphericalangle A_i O A_j \leq \pi.$$

Lösung

A_1 sei die Ecke, für die der Abstand OA_i minimal ist; es sei also $OA_1 \leq OA_i$ für $i = 2, 3, \ldots, n$ (Bild 72). Wir verbinden A_1 mit jedem der anderen Eckpunkte. Liegt O dann auf einer der Diagonalen $A_1 A_j$, so gilt offensichtlich $A_1 O A_2 = \pi$. Im anderen Fall liege O zwischen den benachbarten Diagonalen $A_1 A_i$ und $A_1 A_{i+1}$. Die Winkel in den Dreiecken $A_1 O A_i$ und $A_1 O A_{i+1}$ bezeichnen wir mit x, y, z, t, m und n, wie in Bild 72 gezeigt. Wegen $A_1 O \leq OA_i$ gilt $z \leq m$. Ähnlicherweise folgt aus $A_1 O \leq OA_{i+1}$ die Ungleichung $t \leq n$. Das ergibt $z + t \leq m + n$. Die Ecken eines regelmäßigen n-Ecks liegen auf einem Kreis; C sei der Mittelpunkt des dem n-Eck umschriebenen Kreises. Der Bogen $A_i A_{i+1}$ zwischen zwei benachbarten Ecken erscheint vom Mittelpunkt C aus unter dem Winkel $2\pi/n$. Folglich ist der entsprechende Peripheriewinkel genau halb so groß, weswegen $m + n = \pi/n$ gilt. Daraus wiederum folgt $z + t \leq \pi/n$.

---

* AMM, 1947, S. 117, Problem 4086, gestellt von Paul Erdös, University of Michigan, gelöst von C. R. Phelps, Rutgers University.

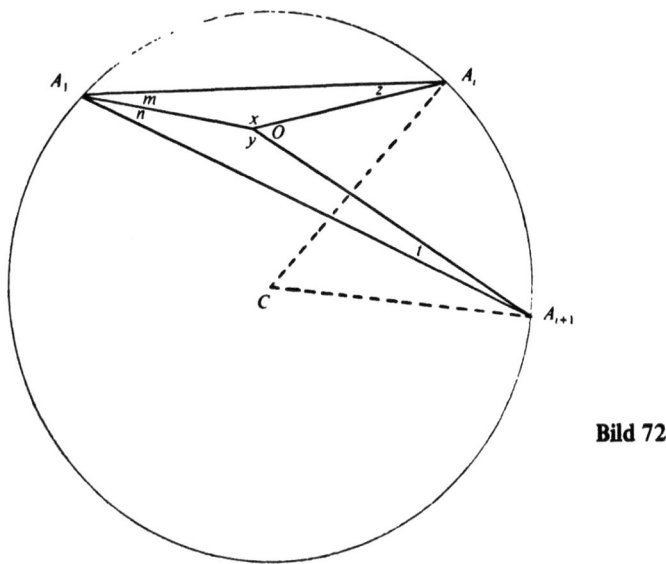

Bild 72

In den beiden Dreiecken ergibt die Summe aller sechs Winkel 2π:

$$(m + n) + (z + t) + x + y = 2\pi$$

$$\frac{\pi}{n} + (z + t) + x + y = 2\pi.$$

Aus $z + t \leqslant \pi/n$ folgt:

$$\frac{\pi}{n} + \frac{\pi}{n} + x + y \geqslant 2\pi$$

oder

$$x + y \geqslant 2\left(\pi - \frac{\pi}{n}\right)$$

Es können also nicht x und y beide kleiner als $\pi - (\pi/n)$ sein (da sonst ihre Summe zu klein wäre), woraus sich die Behauptung ergibt. ●

Problem 58

Die Fermatschen Zahlen

Die Zahlen

$$F_n = 2^{(2^n)} + 1, \quad n = 0, 1, 2, \ldots,$$

werden nach dem großen französischen Mathematiker Pierre de Fermat (1601–1665) Fermatsche Zahlen genannt. Die Folge dieser Zahlen beginnt mit

$$3, 5, 17, 257, 65537, \ldots .$$

Sie erfüllen die Rekursionsbeziehung $F_n = F_0 F_1 \ldots F_{n-1} + 2$, was man durch Induktion leicht nachprüfen kann. Die folgende, nette Beweismethode wurde im AMM, 1935, S. 569, Problem E 152 angegeben. Aufgabensteller war J. Rosenbaum, Hartford Federal College, Connecticut; gelöst wurde die Aufgabe von Daniel Finkel, Brooklyn, New York.

$2^{(2^0)} - 1$ ist gerade die Zahl 1. Dann gilt

$$\begin{aligned}
1 \cdot F_0 F_1 \ldots F_{n-1} &= [2^{(2^0)} - 1][2^{(2^0)} + 1][2^{(2^1)} + 1] \ldots [2^{(2^{n-1})} + 1] \\
&= [2^{(2^1)} - 1][2^{(2^1)} + 1][2^{(2^2)} + 1] \ldots [2^{(2^{n-1})} + 1] \\
&= [2^{(2^2)} - 1][2^{(2^2)} + 1] \ldots [2^{(2^{n-1})} + 1] \\
&= \ldots \ldots \ldots \ldots \ldots \ldots \ldots \ldots \ldots \ldots \\
&= [2^{(2^{n-1})} - 1][2^{(2^{n-1})} + 1] \\
&= 2^{(2^n)} - 1 = F_n - 2.
\end{aligned}$$

Ausgehend von dieser Relation kann man einfach zeigen, daß je zwei verschiedene Fermatzahlen zueinander teilerfremd sind. Für $m < n$ gilt

$$F_n = F_0 F_1 \ldots F_m \ldots F_{n-2} + 2,$$

weswegen ein gemeinsamer Teiler von F_m und F_n auch ein Teiler von 2 sein muß. Als Teiler von 2 muß dieser Teiler 1 oder 2 sein.

Der Teiler kann nicht 2 sein, weil alle Fermatzahlen ungerade sind. Daher ist er 1, weswegen F_m und F_n zueinander teilerfremd sind.

Wegen $F_n > 1$ hat daher jede Fermatsche Zahl einen Primteiler, der keine andere Fermatzahl teilt. Weil es unendlich viele Fermatzahlen gibt, erhält man so einen (weiteren) Beweis dafür, daß es unendlich viele Primzahlen gibt.

Dieses Ergebnis liefert auch unmittelbar eine Lösung des folgenden Problems:

Man zeige, daß $2^{(2^n)} - 1$ mindestens n verschiedene Primteiler enthält.*

Lösung

$$2^{(2^n)} - 1 = [2^{(2^n)} + 1] - 2 = F_n - 2 = F_0 F_1 \ldots F_{n-1}.$$

Letzteres ist ein Produkt von n verschiedenen Fermatzahlen; diese sind zueinander relativ prim, weswegen das Produkt mindestens n verschiedene Primfaktoren enthält. •

Wenn wir schon bei den Fermatzahlen sind, können wir auch das einfache Ergebnis begründen, daß keine Fermatzahl ein Quadrat oder eine Kubikzahl ist und mit Ausnahme von $F_0 = 3$ auch keine Dreieckszahl.

(i) *F_n ist nie ein Quadrat.*

Offensichtlich gilt

$$(F_n - 1)^2 = [2^{(2^n)}]^2 = 2^{(2^{n+1})} = F_{n+1} - 1$$

Das ergibt

$$F_{n+1} = 1 + (F_n - 1)^2.$$

---

* AMM, 1968, S. 1016, Problem E 2014, gestellt von Erwin Just und Norman Schaumberger, Bronx Community College, New York City.

Deswegen folgt aus $F_n \equiv 2 \pmod{3}$, $F_{n+1} \equiv 2 \pmod{3}$. Wegen $F_1 = 5 \equiv 2 \pmod{3}$ bedeutet das $F_n \equiv 2 \pmod{3}$ für $n > 0$.

Kein Quadrat ist aber modulo 3 zu 2 kongruent (für $n \equiv 0, 1, -1 \pmod{3}$ ergibt sich $n^2 \equiv 0, 1, 1, \pmod{3}$). Weil auch $F_0 = 3$ kein Quadrat ist, ist kein F_n ein Quadrat.

(ii) *F_n ist nie eine Kubikzahl.*

Man erkennt, daß eine Kubikzahl modulo 7 zu 0, 1 oder -1 kongruent ist:

$$n \equiv 0, 1, 2, \quad 3, 4, \quad 5, \quad 6$$
$$n^2 \equiv 0, 1, 4, \quad 2, 2, \quad 4, \quad 1$$
$$n^3 \equiv 0, 1, 1, -1, 1, -1, -1.$$

Im Falle der Fermatzahlen gilt $F_0 = 3$ und $F_1 = 5$. Aus

$$F_{n+1} = 1 + (F_n - 1)^2$$

folgt

$$F_{n+1} \equiv 5 \pmod{7} \quad \text{für} \quad F_n \equiv 3 \pmod{7}$$

und

$$F_{n+1} \equiv 3 \pmod{7} \quad \text{für} \quad F_n \equiv 5 \pmod{7}.$$

Modulo 7 wechseln daher die Fermatzahlen zwischen den Resten 3 und 5 und sind nie kongruent zu 0, 1 oder -1. Deswegen kann keine Fermatzahl eine Kubikzahl sein.

(iii) *Kein $F_n > 3$ ist eine Dreieckszahl.*

Die n-te Dreieckszahl ist $t_n = n(n+1)/2$, woraus $2t_n = n(n+1)$ folgt. Es gilt $n \equiv 0, 1$ oder $2 \pmod{3}$. Für $n \equiv 0$ oder $2 \pmod{3}$ ist n oder $n+1$ durch 3 teilbar, was $t_n \equiv 0 \pmod{3}$ bedeutet. Andererseits hat man für $n \equiv 1 \pmod{3}$ die Gleichung $2t_n \equiv n(n+1) \equiv 2 \pmod{3}$, was nur für $t_n \equiv 1 \pmod{3}$ möglich ist. t_n ist also modulo 3 zu 0 oder 1 kongruent. Dies ist, wie wir oben gesehen haben, für keine Fermatzahl > 3 richtig. Daraus folgt die Behauptung.

Problem 59

Eine Ungleichung für Reziprokwerte*

Es sei n eine natürliche Zahl größer als 1. Man zeige:
$$\frac{1}{n} + \frac{1}{n+1} + \frac{1}{n+2} + \ldots + \frac{1}{n^2} > 1.$$

Lösung

$$\frac{1}{n} + \frac{1}{n+1} + \frac{1}{n+2} + \ldots + \frac{1}{n^2} > \frac{1}{n} + \left(\frac{1}{n^2} + \frac{1}{n^2} + \ldots + \frac{1}{n^2}\right)$$
$$= \frac{1}{n} + \frac{1}{n^2}(n^2 - n)$$
$$= \frac{1}{n} + 1 - \frac{1}{n}$$
$$= 1. \bullet$$

---

* MM, 1960, S. 244, Problem Q 279, gestellt von Barney Bissinger.

Problem 60

Eine vollkommene vierte Potenz*

Man zeige, daß das Produkt von 8 aufeinanderfolgenden Zahlen nie eine vollkommene vierte Potenz sein kann.

Lösung

x sei die kleinste Zahl unter acht aufeinanderfolgenden natürlichen Zahlen. Ihr Produkt P kann man dann schreiben als

$$P = [x(x+7)] [(x+1)(x+6)] [(x+2)(x+5)] [(x+3)(x+4)]$$
$$= (x^2 + 7x)(x^2 + 7x + 6)(x^2 + 7x + 10)(x^2 + 7x + 12).$$

Mit $x^2 + 7x + 6 = a$ ergibt das

$$P = (a-6)(a)(a+4)(a+6)$$
$$= (a^2 - 36)(a^2 + 4a) = a^4 + 4a^3 - 36a^2 - 144a$$
$$= a^4 + 4a(a^2 - 9a - 36) = a^4 + 4a(a+3)(a-12).$$

Wegen $a = x^2 + 7x + 6$ und $x \geq 1$ gilt $a \geq 14$, weswegen dann $a - 12$ positiv ist.
Das bedeutet $P > a^4$
Anderseits folgt aus $P = a^4 + 4a^3 - 36a^2 - 144a$, daß P kleiner ist als $(a+1)^4 = a^4 + 4a^3 + 6a^2 + 4a + 1$. Insgesamt gilt somit

$$a^4 < P < (a+1)^4,$$

was bedeutet, daß P immer zwischen zwei benachbarten vierten Potenzen liegt und nie mit einer solchen zusammenfällt. ●

---

* AMM, 1936, S. 310, Problem 3703, gestellt von Victor Thébault, Le Mans, Frankreich, gelöst vom Mathematics Club of the New Jersey College for Women, New Brunswick, New Jersey.

Problem 61

Quadratpackungen*

Wegen der Divergenz der harmonischen Reihen kann man eine Menge von Quadraten der Seitenlängen 1, 1/2, 1/3, ..., 1/n so anordnen, daß die Quadrate aneinander liegen und sich längs der gemeinsamen Grundlinie L unbeschränkt ausbreiten (Bild 73). Man beweise aber, daß alle Quadrate nach dem ersten im ersten Quadrat ohne Überlappung Platz finden.

Lösung

Längs L teilen wir die Quadrate in Gruppen. Die Trennstellen befinden sich dort, wo die Nenner der Seitenlängen Potenzen von 2 sind: (1/2, 1/3), (1/4, 1/5, 1/6, 1/7), ... Die Summe der Seitenlängen der Quadrate in der n-ten Gruppe ist

$$\frac{1}{2^n} + \frac{1}{2^n + 1} + \dots + \frac{1}{2^{n+1} - 1} < \underbrace{\frac{1}{2^n} + \frac{1}{2^n} + \dots + \frac{1}{2^n}}_{2^n \text{ Mal}} = 1.$$

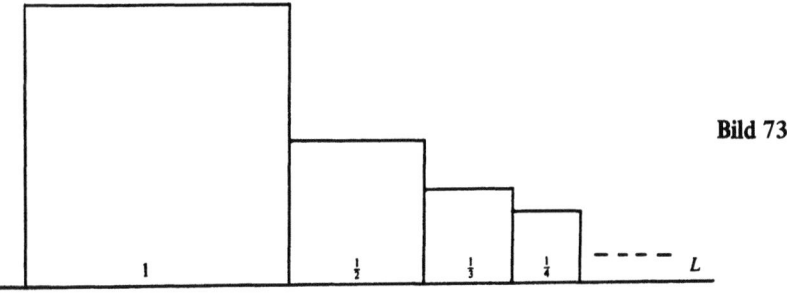

Bild 73

---

* Pi Mu Epsilon, 1959–64, Vol. 3, S. 473, Problem 137, gestellt von Leo Moser, gelöst von Michael Goldberg.

Deshalb passen die Quadrate der n-ten Gruppe in ein Rechteck mit Höhe $1/2^n$ und Breite 1. Türmen wir die Rechtecke mit den darin enthaltenen Quadraten aufeinander, so erhalten wir einen rechteckigen Stapel der Breite 1 und Gesamthöhe

$$\frac{1}{2} + \frac{1}{2^2} + \frac{1}{2^3} + \ldots = 1 \text{ (Bild 74)}.$$

Durch diese Anordnung gelangen wir zum gewünschten Ergebnis. •

Unser Hauptinteresse gilt in diesem Abschnitt dem folgenden Problem:

Man betrachte eine Menge von Quadraten, die endlich oder unendlich ist, wobei die Gesamtfläche aller Quadrate 1 sein soll. Es ist zu zeigen, daß sie, wie auch immer die Seiten der Quadrate beschaffen sind, in einem Quadrat S der Seitenlänge $\sqrt{2}$ Platz finden.**

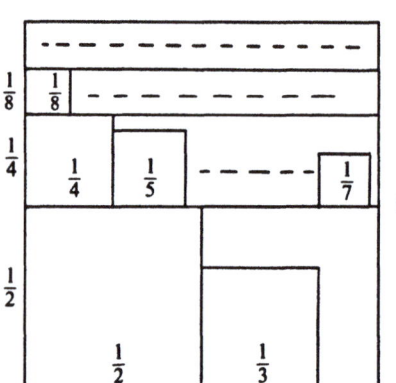

Bild 74

** AMM, 1969, S. 88, Problem E 2041, gestellt und gelöst von D. J. Newman, Yeshiva University.

Lösung

Weil ein Quadrat mit Flächeninhalt 1/2 die Seitenlänge $\sqrt{2}/2$ hat, kann kein Quadrat mit einer Seitenlänge kleiner als $\sqrt{2}$ die zulässige Menge, bestehend aus zwei Quadraten der Fläche 1/2, aufnehmen (Bild 75). Folglich muß ein „universelles" Quadrat für die Quadratmengen der obigen Form zumindest die Seitenlänge $\sqrt{2}$ haben.

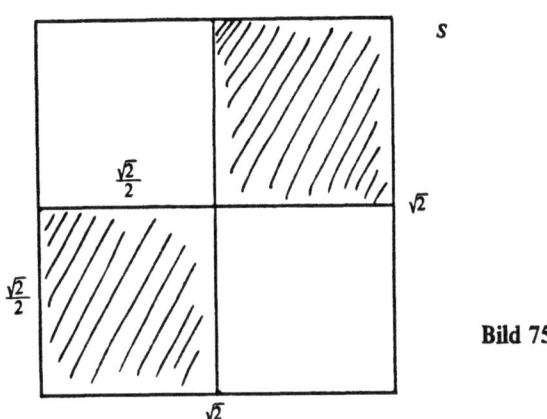

Bild 75

Wir ordnen die Quadrate der gegebenen Menge der Größe nach. Die Seitenlängen bezeichnen wir mit

$$s_1 \geqslant s_2 \geqslant s_3 \geqslant \ldots,$$

das Quadrat mit Seitenlänge s_i bezeichnen wir ebenfalls mit s_i. Die Seiten des „Behälters" S richten wir waagerecht und senkrecht ein. Links unten beginnend füllen wir S mit Quadraten $s_1, s_2, \ldots$ in der angegebenen Reihenfolge, bis ganz unten kein Platz mehr ist. Sodann verlängern wir die obere Kante des ersten und größten Quadrates (s_1) quer durch ganz S, womit eine Abdeckung für die gerade eingefüllte Quadratreihe geschaffen wird. Danach beginnen wir eine zweite Reihe zu füllen, gerade über der ersten Schicht und wieder von links nach rechts in nichtwachsender Anordnung. Wieder kommen so viele in diese Schicht, wie dort Platz finden. Auch verlängern wir abermals

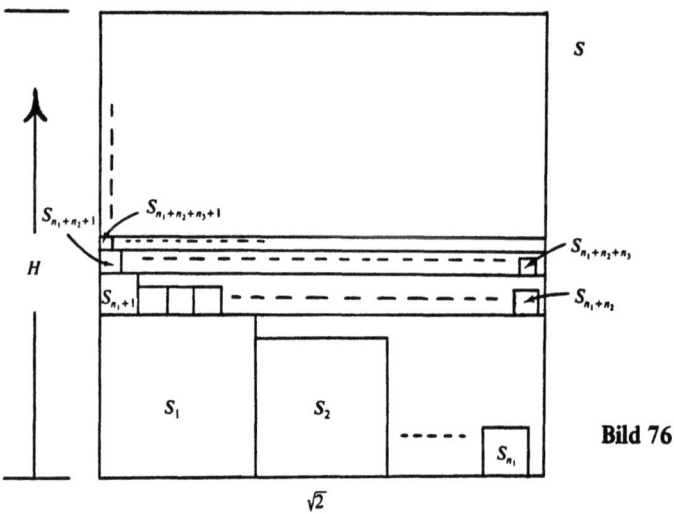

Bild 76

die obere Kante des ersten Quadrates dieser Reihe. Wir werden zeigen, daß durch Fortsetzung dieses Verfahrens die ganze Menge in S eingepaßt werden kann.

Die Zahl der Quadrate in der r-ten Reihe sei n_r. Die Anordnung in den Reihen ist dann die folgende:

In der Reihe 1 befinden sich die Quadrate $s_1, s_2, \ldots, s_{n_1}$;
in der Reihe 2 befinden sich die Quadrate $s_{n_1+1}, s_{n_1+2}, \ldots, s_{n_1+n_2}$;
in der Reihe 3 befinden sich die Quadrate $s_{n_1+n_2+1}, s_{n_1+n_2+2}, \ldots, s_{n_1+n_2+n_3}$;
....

Wir zeigen, daß die Packung nach obiger Vorschrift nie über die obere Kante von S hinausgelangt, woraus folgt, daß S alle Quadrate aufnehmen kann. Der Nachweis geschieht so, daß wir beweisen, daß die Gesamthöhe H des Stapels der einzelnen Reihen links außen gemessen nie größer als $\sqrt{2}$ ist:

$$H = s_1 + s_{n_1+1} + s_{n_1+n_2+1} + \ldots \leqslant \sqrt{2}.$$

Weil die Gesamtfläche aller Quadrate 1 ist, gilt:

$$1 \geqslant s_1 \geqslant s_2 \geqslant \ldots,$$

weswegen S sicher die erste Reihe aufnehmen kann. Genügt diese Reihe, sind wir fertig. Andernfalls gibt es mindestens noch eine zweite Reihe. Natürlich müssen wir die Voraussetzung über den Flächeninhalt verwenden. Wir beginnen dabei mit der Ableitung einiger Beziehungen für die s_i^2.

Da das erste Quadrat der zweiten Reihe sich an diesem Platz befindet, weil es nicht mehr in die erste paßte, gilt

$$s_1 + s_2 + \ldots + s_{n_1} + s_{n_1+1} > \sqrt{2}$$

und

$$s_2 + \ldots + s_{n_1+1} > \sqrt{2} - s_1.$$

Durch Multiplikation mit s_{n_1+1} erhält man

$$s_2 \cdot s_{n_1+1} + s_3 \cdot s_{n_1+1} + \ldots + s_{n_1+1} \cdot s_{n_1+1} > (\sqrt{2} - s_1) \cdot s_{n_1+1}.$$

Aus

$$s_2 \geqslant s_3 \geqslant s_4 \geqslant \ldots \geqslant s_{n_1+1}$$

folgt

$$s_2^2 + s_3^2 + \ldots + s_{n_1+1}^2$$
$$= s_2 \cdot s_2 + s_3 \cdot s_3 + \ldots + s_{n_1+1} \cdot s_{n_1+1}$$
$$\geqslant s_2 \cdot s_{n_1+1} + s_3 \cdot s_{n_1+1} + \ldots + s_{n_1+1} \cdot s_{n_1+1}$$
$$> (\sqrt{2} - s_1) \cdot s_{n_1+1}.$$

Das bedeutet

$$\boxed{s_2^2 + s_3^2 + \ldots + s_{n_1+1}^2 > (\sqrt{2} - s_1) \cdot s_{n_1+1}}.$$

Ähnliches gilt in der zweiten Reihe, nämlich

$$s_{n_1+1} + s_{n_1+2} + \ldots + s_{n_1+n_2} + s_{n_1+n_2+1} > \sqrt{2}$$

und

$$s_{n_1+2} + \ldots + s_{n_1+n_2} + s_{n_1+n_2+1} > \sqrt{2} - s_{n_1+1}.$$

Multiplikation mit $s_{n_1 + n_2 + 1}$ liefert unter Berücksichtigung von $s_{n_1 + 2} \geq \ldots \geq s_{n_1 + n_2 + 1}$ wie vorher die Beziehung

$$s_{n_1 + 2}^2 + s_{n_1 + 3}^2 + \ldots s_{n_1 + n_2 + 1}^2 > (\sqrt{2} - s_{n_1 + 1}) \cdot s_{n_1 + n_2 + 1}.$$

wegen $s_1 \geq s_{n_1 + 1}$ erhält man daraus

$$\boxed{s_{n_1 + 2}^2 + s_{n_1 + 3}^2 + \ldots + s_{n_1 + n_2 + 1}^2 > (\sqrt{2} - s_1) \cdot s_{n_1 + n_2 + 1}}.$$

Ganz gleich erhält man für die dritte (und entsprechend für jede weitere) Reihe die Ungleichung

$$\boxed{s_{n_1 + n_2 + 2}^2 + \ldots + s_{n_1 + n_2 + n_3 + 1}^2 > (\sqrt{2} - s_1) \cdot s_{n_1 + n_2 + n_3 + 1}}.$$

Durch Addition der Ungleichungen ergibt sich

$$s_2^2 + s_3^2 + \ldots > (\sqrt{2} - s_1)(s_{n_1 + 1} + s_{n_1 + n_2 + 1} + \ldots).$$

Da die Gesamtfläche 1 ist und der zweite Faktor rechts gerade $H - s_1$ darstellt, gilt

$$1 - s_1^2 > (\sqrt{2} - s_1)(H - s_1),$$

oder

$$H - s_1 < \frac{1 - s_1^2}{\sqrt{2} - s_1} \quad \text{bzw.} \quad H < \frac{1 - s_1^2}{\sqrt{2} - s_1} + s_1.$$

Eine leichte Vereinfachung zeigt

$$\sqrt{2} - \frac{(1 - \sqrt{2} \cdot s_1)^2}{\sqrt{2} - s_1} = \frac{1 - s_1^2}{\sqrt{2} - s_1} + s_1.$$

Das bedeutet

$$H < \sqrt{2} - \frac{(1 - \sqrt{2} \cdot s_1)^2}{\sqrt{2} - s_1} \quad \text{oder} \quad H \leq \sqrt{2}$$

wie gewünscht. ●

Problem 62

Die roten und die grünen Bälle*

In einer Tasche befinden sich sechs rote und acht grüne Bälle. Fünf Bälle werden zufällig herausgenommen und in eine rote Schachtel gelegt; die übrigen neun Bälle kommen in eine grüne Schachtel. Wie groß ist die Wahrscheinlichkeit dafür, daß die Summe aus der Zahl der roten Bälle in der grünen Schachtel und der Zahl der grünen Bälle in der roten Schachtel keine Primzahl ist?

Lösung

Es sei g die Zahl der grünen Bälle in der roten Schachtel. Da es insgesamt nur sechs rote Bälle gibt, ergibt sich eine Verteilung der Bälle, wie sie in Bild 77 gezeigt wird. Die Summe aus der Zahl der roten Bälle der grünen Schachtel und der grünen Bälle der roten Schachtel ist daher durch $(g + 1) + g = 2g + 1$ gegeben, eine ungerade Zahl. g kann nicht größer sein als 5, der Gesamtzahl aller Bälle in der roten Schachtel. Das bedeutet $1 \leqslant 2g + 1 \leqslant 11$.

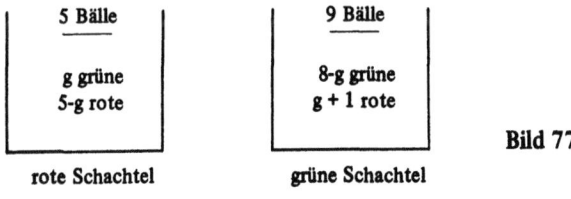

Bild 77

---

* AMM, 1960, S. 698, Problem E 1400, gestellt von S. D. Pratico, Iona College, New Rochelle, New York, gelöst von C. W. Trigg, Los Angeles City College.

Die einzig ungerade zusammengesetzte Zahl dieses Bereiches ist 9. Dazu kommt noch die Zahl 1, die weder prim noch zusammengesetzt ist. Um einen Wert zu erhalten, der nicht prim ist, muß $2g + 1$ mit 1 oder 9 übereinstimmen, was $g = 0$ oder $g = 4$ bedeutet. Die Wahrscheinlichkeit einen Zug mit $g = 0$ oder $g = 4$ zu machen ist

$\dfrac{1}{\text{Gesamtzahl aller Züge}}$ [(Anzahl der Möglichkeiten, 5 rote Bälle zu ziehen) + (Anzahl der Möglichkeiten, 4 grüne und 1 roten Ball zu ziehen)] =

$$= \dfrac{\binom{6}{5} + \binom{8}{4}\binom{6}{1}}{\binom{14}{5}} = \dfrac{6 + 420}{2002} = \dfrac{213}{1001}.$$

Problem 63

Zusammengesetzte Glieder in arithmetischen Folgen*

Bei Behandlung des Problems 54 auf Seite 136 sahen wir, daß in der Folge der natürlichen Zahlen beliebig lange Intervalle von aufeinanderfolgenden, zusammengesetzten natürlichen Zahlen auftreten. Jetzt beweisen wir, daß es beliebig lange arithmetische Folgen gibt, deren Glieder zusammengesetzt und paarweise teilerfremd sind.

Lösung

Wir zeigen, daß es zu jeder natürlichen Zahl $n > 1$ n zusammengesetzte Zahlen einer arithmetischen Folge gibt, die paarweise teilerfremd sind.

Man wähle eine Primzahl p, die größer ist als n, und bilde die möglicherweise sehr große Zahl $p + (n-1)n!$. Dann bestimmt man eine Zahl N mit

$$N > p + (n-1)n!$$

Wir behaupten dann, daß die n (ziemlich großen) Zahlen

$$N! + p, N! + p + n!, N! + p + 2 \cdot n!, \ldots, N! + p(n-1)n!$$

die Bedingungen erfüllen. Sie bilden offensichtlich n aufeinanderfolgende Glieder in der arithmetischen Folge der Differenz $n!$. Für N gilt nach Konstruktion $N > p + (n-1)n!$. Folglich gilt für $i = 0, 1, 2, \ldots, n-1$ die Ungleichung $p + i \cdot n! < N$, weswegen $(p + i \cdot n!)$ ein Faktor von $N!$ ist. Folglich ist für $i = 0, 1, \ldots, n-1$ die Zahl $N! + p + i \cdot n!$

---

* AMM, 1969, S. 199, Problem E 2062, gestellt von Dale Peterson, Student, Mira Loma High School, Sacramento, California, gelöst von Arne Garness, Charles Heuer und Gerald Heur, Concordia College.

durch die Zahl p + in!, die kleiner als jene und größer als 1 ist, teilbar. N! + p + in! ist daher zusammengesetzt.

Ferner nehmen wir an, daß zwei Folgenglieder

N! + p + i · n! und N! + p + j · n! mit i > j,

einen gemeinsamen Primteiler q haben. q ist dann ein Teiler der Differenz (i − j) n! dieser Zahlen. Wegen |i − j| < n ist jeder Primfaktor von (i − j) n! nicht größer als n. Das bedeutet q ⩽ n und somit q|n!. N ist größer als n, weswegen q auch N! teilt. Als Teiler von N! + p + in! muß q somit auch ein Teiler von p sein. Das ist aber unmöglich, da p und q Primzahlen mit q ⩽ n < p sind. Daraus ergibt sich die Behauptung. ●

Problem 64

Aneinanderstoßende gleichseitige Dreiecke*

Man stellt gleichseitige Dreiecke der Seitenlänge 1, 3, 5, ..., $2n-1$, ... längs einer Geraden mit den Enden aneinander (Bild 78). Dann ist zu zeigen, daß die nicht auf der Geraden liegenden Eckpunkte der Dreiecke auf einer Parabel liegen und zwar so, daß ihre Brennpunktabstände natürliche Zahlen sind.

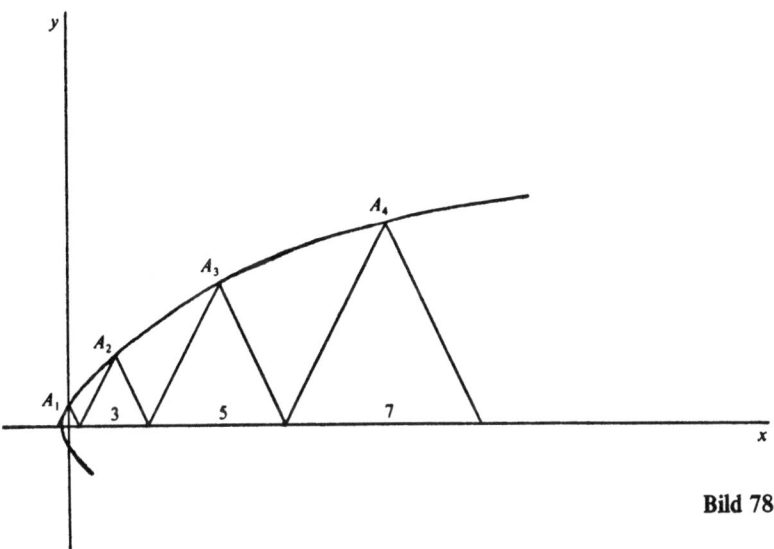

Bild 78

---

* AMM, 1922, S. 92, Problem 2866, gestellt von Norman Anning, University of Michigan, gelöst von G. W. Smith, University of Kansas.

Lösung

Wir bezeichnen die zu untersuchenden Eckpunkte mit $A_1, A_2, \ldots$ und legen ein Koordinatensystem so, daß die gegebene Gerade zur x-Achse wird und die y-Achse durch A_1 geht. Dann ist A_1 der Punkt $(0, \sqrt{3}/2)$. Die Grundlinie des n-ten Dreiecks hat Länge $2n - 1$. Das bedeutet für die x-Koordinate von A_n

$$x = \tfrac{1}{2} + 3 + 5 + \ldots + (2n - 3) + \tfrac{1}{2}(2n - 1),$$

was man leicht als $x = n(n - 1)$ erkennt. Die y-Koordinate von A_n ist einfach das $(2n - 1)$-fache der y-Koordinate von A_1:

$$y = (2n - 1) \cdot \frac{\sqrt{3}}{2}.$$

Daraus erhalten wir

$$n = \frac{1}{2}\left(\frac{2y}{\sqrt{3}} + 1\right) \quad \text{und} \quad n - 1 = \frac{1}{2}\left(\frac{2y}{\sqrt{3}} - 1\right).$$

Daher gilt

$$x = \frac{1}{2}\left(\frac{2y}{\sqrt{3}} + 1\right) \cdot \frac{1}{2}\left(\frac{2y}{\sqrt{3}} - 1\right) = \frac{1}{4}\left(\frac{4y^2}{3} - 1\right), \quad 12x = 4y^2 - 3$$

oder $4y^2 = 12x + 3$.

Das ist die Gleichung einer Parabel, deren Achse die x-Achse ist und deren Scheitel im Punkt $(-1/4, 0)$ liegt.

Die Verschiebung des Ursprungs um ein Viertel einer Einheit nach links ist durch

$$X = x + \tfrac{1}{4}, \quad Y = y$$

gegeben. Die Parabelgleichung geht dabei in

$$4Y^2 = 12\left(X - \tfrac{1}{4}\right) + 3 = 12X \quad \text{oder} \quad Y^2 = 3X$$

über. In dieser Lage liegt der Scheitel im Ursprung und der Brennpunkt im Punkt (3/4,0). Folglich befand sich in der ursprünglichen Lage der Brennpunkt in (1/2,0), was eine Ecke des ersten Dreiecks ist. Der Brennpunktabstand von A_n ist dann durch die ganze Zahl

$$\sqrt{\left[n(n-1)-\frac{1}{2}\right]^2 + \left[(2n-1)\cdot\frac{\sqrt{3}}{2}\right]^2} = n^2 - n + 1$$

gegeben. ●

Problem 65

Prüfungen*

Drei Studenten A, B, C legen eine Reihe von Prüfungen ab. Ist man bei einer Prüfung Erster, so erhält man x Punkte, als Zweiter erhält man y und als Dritter z Punkte. x, y, z sollen natürliche Zahlen mit $x > y > z$ sein. In keiner Prüfung sollen dabei zwei Studenten das gleiche Ergebnis haben. Zusammen erhielt A 20 Punkte, B 10 und C 9 Punkte. A war Zweiter bei der Algebraprüfung. Wer war Zweiter bei der Geometrieprüfung?

Lösung

Zusammen wurden $20 + 10 + 9 = 39$ Punkte vergeben. Weil x, y und z voneinander verschiedene natürliche Zahlen sind, werden in jedem Test mindestens $1 + 2 + 3 = 6$ Punkte vergeben. Außerdem muß $x + y + z$ die Gesamtpunktezahl 39 teilen. Weil es nach Voraussetzung mindestens zwei Prüfungen gab, muß $x + y + z \neq 39$ gelten. Weil die einzigen weiteren Teiler von 39 die Zahlen 1, 3 und 13 sind und weil der Teiler $x + y + z \geq 6$ sein muß, gilt

$$x + y + z = 13,$$

was bedeutet, daß 3 Prüfungen stattgefunden haben.

Weil A Zweiter der Algebraprüfung war, hat dieser Prüfling einmal y Punkte erhalten. Hätte A auch einmal z Punkte erhalten, dann wäre seine Gesamtpunktzahl höchstens $y + z + x = 13$. A hat aber 20 Punkte erhalten. Seine Punktezahl hat also eine der folgenden

---

* Abgeleitet aus Aufgabe 1 der 16. Internationalen Olympiade, 1974.

Formen: 3y, x + 2y, 2x + y. Weil 3 kein Teiler von 20 ist, kann die Form 3y nicht auftreten. Wäre x + 2y richtig, so bedeutete dies

$$x + 2y = x + y + y = 20,$$

während

$$x + y + z = 13$$

gilt. Durch Bildung der Differenz erhält man $y - z = 7$. Wegen $x > y > z$ bedeutet dies $y \geqslant 8$ und $x \geqslant 9$. Folglich gilt $x + y \geqslant 17$, im Widerspruch zu $x + y + z = 13$. Die Punktezahl von A hat daher die Form $2x + y = 20$.

Deswegen ist y eine gerade Zahl. $y \geqslant 6$ würde $x \geqslant 7$ und $x + y \geqslant 13$ ergeben, was wegen $z > 0$ und $x + y + z = 13$ unmöglich ist. y hat also den einen der Werte 2 oder 4.

$y = 2$ bedeutet $z = 1$ ($z < y$) und $x = 10$, weil $x + y + z = 13$ gelten muß. Das ergibt für die Punktezahl von A: $2x + y = 22 \neq 20$. Daher gilt $y = 4$. $2x + y = 20$ liefert sodann $x = 8$. $x + y + z = 13$ schließlich bedeutet $z = 1$.

Nun gibt es nur eine Anordnungsmöglichkeit dieser Werte, für die die Gesamtpunktezahlen 20, 10 und 9 auftreten.

	(i)	(ii)	(iii)	Gesamtpunkte
A	8	8	4	20
B	1	1	8	10
C	4	4	1	9

Da C immer dann Zweiter ist, wenn A es nicht ist, war C auch bei der Geometrieprüfung Zweiter. •

Problem 66

Eine Anwendung des Satzes von Ptolemäus

Der Satz von Ptolemäus besagt, daß in einem Sehnenviereck das Produkt der Längen der Diagonalen gleich der Summe der Produkte der Längen der Paare gegenüberliegender Seiten ist (einen Beweis findet man in fast jedem Lehrbuch der synthetischen Geometrie). Dieser Satz liefert einen schnellen Beweis des folgenden Ergebnisses:

$A_1 A_2 A_3$ sei ein, einem Kreis eingeschriebenes, gleichseitiges Dreieck. Man zeige, daß für jeden Punkt P auf dem Kreis die Summe der Längen der beiden kürzeren der drei Strecken PA_1, PA_2, und PA_3 gleich der Länge der längeren Strecke ist.

Beweis: s sei die Seitenlänge des gegebenen Dreiecks. Bezugnehmend auf Bild 79 ergibt der Satz von Ptolemäus

$$s \cdot PA_2 = s \cdot PA_1 + s \cdot PA_3$$

und

$$PA_2 = PA_1 + PA_3.$$

Jetzt betrachten wir zwei Verallgemeinerungen dieses Ergebnisses.

(i) *Es sei $A_0 A_1 \ldots A_{3n-1}$ ein einem Kreis eingeschriebenes, regelmäßiges 3n-Eck. Von einem Punkt P des Kreises werden Sehnen zu den 3n-Ecken gezogen (Bild 80). Man zeige, daß die Summe der n längsten Sehnen gleich der Summe der 2n kürzesten Sehnen ist.**

---

* AMM, 1933, S. 501, Problem 3583, gestellt von H. Grossman, New York, gelöst von Laurence Hadley, Purdue University.

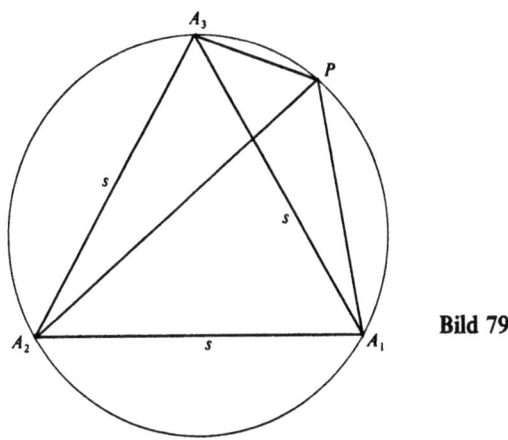

Bild 79

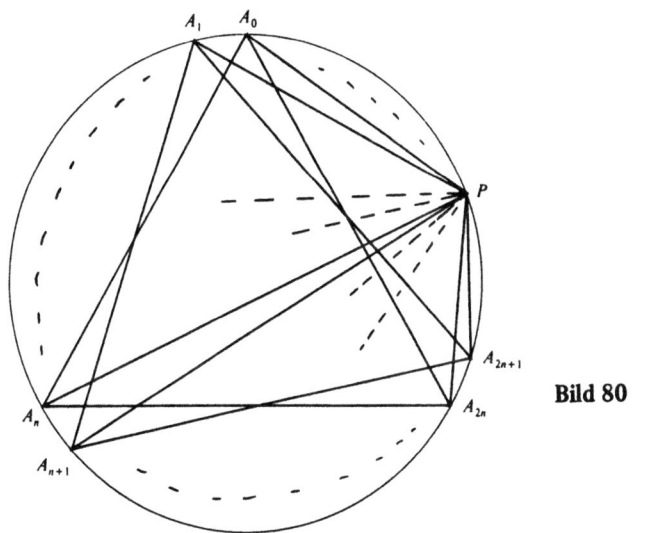

Bild 80

Lösung

Man kann die Ecken eines regelmäßigen 3n-Eckes in Gruppen zu je dreien einteilen, so daß diese n gleichseitige Dreiecke bilden, die ebenfalls dem Kreis eingeschrieben sind. Für die drei zu jedem Dreieck gehörigen Sehnen gilt, daß die Längen der beiden kürzeren Sehnen als Summe die Länge der längsten Sehne ergeben. Die kürzeren zwei Sehnen sind nicht länger als die Dreiecksseite (deren Länge s ist); die längere Sehne ist aber länger als diese Dreiecksseite. Nehmen wir daher die jeweils längste von den drei Sehnen, so erhalten wir die n längsten Sehnen überhaupt. Die restlichen 2n Sehnen sind die 2n kürzesten. Unser obiges Ergebnis liefert dann die Behauptung. •

(ii) *Es sei $A_1 A_2 \ldots A_n$ ein regelmäßiges n-Eck, n ungerade. Weiterhin sei P ein Punkt auf dem Umkreis dieses Polygons. Die Eckennumerierung sei so beschaffen, daß P auf dem abgeschlossenen Bogen $A_n A_1$ liegt. Mit $PA_i = a_i$ gilt, daß man bei abwechselnder Addition und Subtraktion der von P ausgehenden Strecken für*

$$a_1 - a_2 + a_3 - a_4 + \ldots - \ldots + a_n$$

den Wert 0 erhält (Bild 81).**

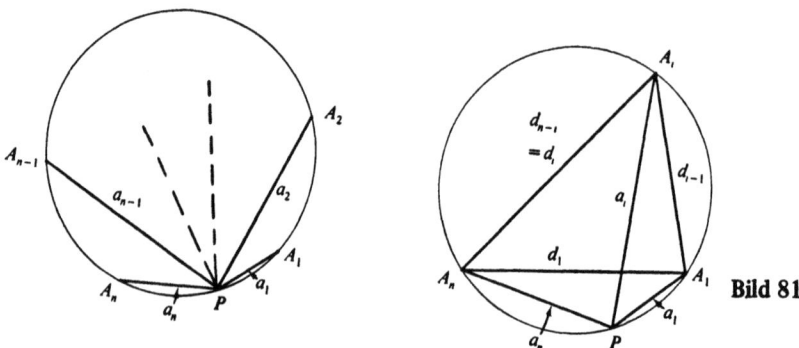

Bild 81

** Dieses Ergebnis wurde für n = 3, 5 von William Wernich, Coty College, New York bewiesen; der allgemeine Fall wurde von Leroy Dickey, University of Waterloo formuliert und bewiesen.

Lösung

Für n = 3 ist das gerade unser grundlegendes Ergebnis von oben. Dort war eine Anwendung des Satzes von Ptolemäus ausreichend. Hier werden wir diesen Satz mehrfach anwenden.

d_i bezeichne die Länge einer Diagonalen im n-Eck, die i Kanten auf der einen Seite und n − i auf der anderen Seite liegen hat. Dann gilt für alle i die Gleichung $d_i = d_{n-i}$; d_1 ist die Seitenlänge des n-Ecks. Die Seiten und Diagonalen des Vierecks $A_n P A_1 A_i$ verhalten sich daher so wie das Bild angibt. Aus dem Satz von Ptolemäus folgt

$$d_1 a_i = d_i a_1 + d_{i-1} a_n.$$

Für i = 2, 3, ..., n − 1 erhält man so n − 2 Ergebnisse, denen wir noch die Gleichung $d_1 a_1 = d_1 a_1$ voraussstellen. Die Gleichung $d_1 a_n = d_{n-1} a_n$ fügen wir hinten an:

$$d_1 a_1 = d_1 a_1$$
$$d_1 a_2 = d_2 a_1 + d_1 a_n$$
$$d_1 a_3 = d_3 a_1 + d_2 a_n$$
$$d_1 a_4 = d_4 a_1 + d_3 a_n$$
$$\dots\dots\dots\dots\dots\dots$$
$$d_1 a_{n-1} = d_{n-1} a_1 + d_{n-2} a_n$$
$$d_1 a_n = d_{n-1} a_n.$$

Durch abwechselnde Addition und Subtraktion erhalten wir daraus

$$d_1 (a_1 - a_2 + \dots - \dots + a_n)$$
$$= (a_1 - a_n)(d_1 - d_2 + d_3 - d_4 + \dots - \dots d_{n-2} - d_{n-1})$$

(man hat das Vorzeichen „Minus" vor d_{n-1}, weil n − 1 gerade ist). Wegen $d_1 = d_{n-1}$, $d_2 = d_{n-2}$, ... gilt $d_1 - d_2 + d_3 + d_4 + \dots - \dots + d_{n-2} - d_{n-1} = 0$,

woraus

$$a_1 - a_2 + a_3 - a_4 + \dots - \dots a_n = 0$$

folgt. •

Problem 67

Noch eine diophantische Gleichung*

Es seien y und z natürliche Zahlen mit $y^3 + 4y = z$. Man zeige, daß y das Doppelte eines Quadrates ist.

Lösung

k^2 sei das größte in y enthaltende Quadrat; $y = n \cdot k^2$. Dann kann n keinen mehrfachen Faktor haben, da sonst k^2 nicht das größte Quadrat wäre, das y teilt. Aus $y^3 + 4y = z^2$ folgt dann

$$y(y^2 + 4) = z^2 \quad \text{und} \quad nk^2(y^2 + 4) = z^2.$$

Das bedeutet, daß k^2 ein Teiler von z^2 ist, was wiederum $k|z$ zur Folge hat. Es sei also $z = mk$. Das ergibt $nk^2(y^2 + 4) = m^2 k^2$ und $n(y^2 + 4) = m^2$. Deshalb ist $n(y^2 + 4)$ ein vollkommenes Quadrat. n hat keinen mehrfachen Faktor; daher tritt jeder Faktor von n auch als Faktor von $y^2 + 4$ auf. Das ergibt

$$n | y^2 + 4.$$

Wegen $y = nk$ bedeutet das

$$n | n^2 k^4 + 4 \quad \text{und} \quad n | 4.$$

---

* AMM, 1973, S. 77, Problem E 2332, gestellt von R. S. Luthar, University of Wisconsin in Janesville, gelöst von G. B. Robinson, SUNY in New Paltz.

n ist also eine der Zahlen 1, 2 oder 4. Es enthält n nur einfache Faktoren. Deshalb ist n = 4 nicht möglich. Wäre n = 1, so folgt aus n$(y^2 + 4) = m^2$ die Gleichung

$$y^2 + 4 = m^2.$$

Zwei Quadrate unterscheiden sich aber nie um 4. Folglich gilt n = 2. Falls eine Lösung existiert, ist daher y das Doppelte eines Quadrates.

Außerdem ist y = 2 = $(2 \cdot 1^2)$, z = 4 eine Lösung. Man kann sogar zeigen, daß dies die einzige Lösung im Bereich der natürlich Zahlen ist. •

Problem 68

Eine ungewöhnliche Eigenschaft komplexer Zahlen*

Für $x = 1 + i\sqrt{3}$, $y = 1 - i\sqrt{3}$ und $z = 2$ ($i = \sqrt{-1}$) gilt
$x^5 + y^5 = z^5$, $x^7 + y^7 = z^7$ und $x^{11} + y^{11} = z^{11}$.

Man zeige die überraschende Verallgemeinerung, daß für diese spezielle Wahl von x, y und z die Gleichung

$$x^p + y^p = z^p$$

für alle Primzahlen $p > 3$ gilt.

Lösung

Eine einfache Rechnung zeigt, daß sowohl x^6 als auch y^6 gleich 2^6 ist. Da $6n$, $6n + 2$, $6n + 3$ und $6n + 4$ nie eine Primzahl ist, hat eine Primzahl $p > 3$ die Form $6n + 1$ oder $6n - 1$.

Im Falle $p = 6n + 1$ gilt

$$x^p + y^p = x^{6n+1} + y^{6n+1} = x^{6n} \cdot x + y^{6n} \cdot y = 2^{6n}(x + y).$$

Wegen $x + y = 2$ ergibt sich

$$x^p + y^p = 2^{6n} \cdot 2 = 2^{6n+1} = z^p.$$

Unter Ausnützung von

$$\frac{1}{x} + \frac{1}{y} = \frac{1}{2} = \frac{1}{z}$$

kann man auf ähnliche Weise die Gültigkeit der Gleichung auch für $p = 6n - 1$ zeigen. ●

---

* AMM, 1943, S. 63, Problem E 518, gestellt und gelöst von J. Rosenbaum, Bloomfield, Connecticut.

Problem 69

Eine Kreiskette*

Ein Kreis C_0 mit Radius 1 km berühre eine Gerade L in Z (Bild 82). Ein Kreis C_1 mit Radius 1 mm berühre C_0 und L rechts von C_0. Dann konstruiert man eine nach rechts gerichtete Schar von Kreisen C_i, so daß C_i tangential zu C_0, L und dem zuvor konstruierten Kreis C_{i-1} ist. Einmal werden dabei die C_i so groß, daß man keinen Kreis mehr anfügen kann. Wieviele Kreise kann man zeichnen, bevor das geschieht?

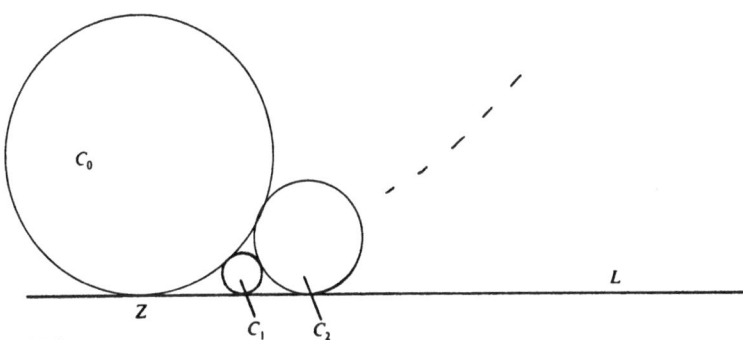

Bild 82

---

* Dieses Problem ist dem Buch Mathematical Games and Pastimes von A. P. Domoryad, Pergamon Press, 1964 entnommen (Problem 19, S. 242); die Lösung erhielt der Autor 1974 privat von C. Stanley Ogilvy.

Lösung

Wir drücken die Abstände in Millimetern aus; C_1 hat den Radius 1 und C_0 den Radius 10^6. Wir unterwerfen die Kreiskette einer Kreisspiegelung. Der Spiegelkreis I hat dabei den Mittelpunkt Z und den Radius $2 \cdot 10^6$ (Bild 83). (Genaueres über Kreisspiegelungen findet man in der Literaturangabe.) Weil L durch das Inversionszentrum Z geht, geht diese Gerade in sich über. I und C_0 berühren einander innen (im Punkt X). L und C_0' sind also ein Tangentenpaar an C_0 und berühren C_0 an den zwei Endpunkten eines Durchmessers. Deswegen sind die Geraden zueinander parallel; sie bestimmen einen Streifen S der Ebene.

Da jeder Kreis C_i, C_0 und L berührt, berührt das Bild C_i' die begrenzenden Geraden von S. Weil außer C_0 keiner dieser Kreise durch Z geht, sind die Bilder C_i' wieder Kreise. Folglich formen die Bilder der einander paarweise berührenden Kreise eine Reihe gleicher, einander berührender Kreise, die auch den Rand von S berühren. Alle Bildkreise haben die Größe von C_0. Weil C_1 im Inneren des Spiegelkreises I nahe beim Mittelpunkt Z liegt, liegt das Bild dieses Kreises im Äußeren von I, und dort im Streifen weit von I entfernt. Durchläuft i die Menge 1, 2, 3, ..., so geht die Reihe der Bildkreise in S in Richtung C_0.

C_1 und C_1' mögen nun L in Y und Y' berühren. Eine einfache Anwendung des Pythagoräischen Lehrsatzes liefert $ZY = 2 \cdot 10^3$

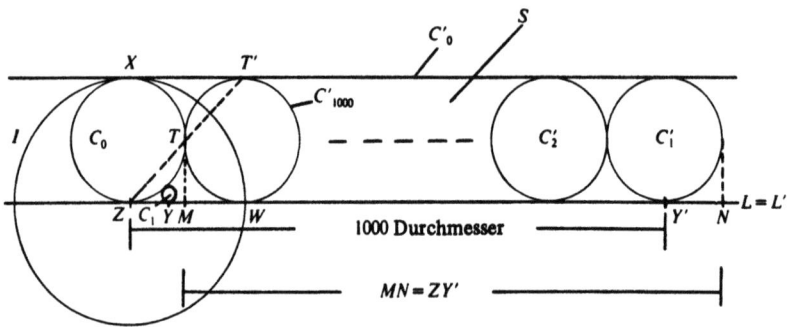

Bild 83

(Bild 84). Die Abbildungsbeziehung ergibt dann

$$ZY \cdot ZY' = (2 \cdot 10^6)^2$$
$$2 \cdot 10^3 \, (ZY') = 4 \cdot 10^{12}$$
$$ZY' = 2 \cdot 10^9 = 1000 \, (2 \cdot 10^6),$$

was gerade das Tausendfache des Durchmessers von C'_i ist.

Jetzt erkennt man ganz leicht, daß C'_{1000} bei der Spiegelung in sich übergeht. Weil I den zweifachen Radius von C_0 (und C'_{1000}) hat und weil C_0 und C'_{1000} einander in T berühren, liegt der Bildpunkt T' auf C'_0 nicht nur auf der Geraden durch Z und T, sondern auch direkt über W, dem Berührungspunkt von C'_{1000} mit L, was auch ein Schnittpunkt von L und I ist. Durch die Spiegelung gehen die drei Punkte T, T' und W von C_{1000} also in T', T und W über. Daher geht auch C'_{1000} in sich über. Folglich hat $C_{1000} \equiv C'_{1000}$ dieselbe Größe wie C_0. Beim Zeichnen der Kette ist also die Größe der Kreise auf die Größe von C_0 angewachsen, wenn man zum Kreis C_{1000} gekommen ist. Daher kann man die Kette nicht weiter ausdehnen. C_{1000} ist der letzte Kreis.

(Man bemerkt, daß diese Kreisschar Teil einer Steinerschen Kette bezüglich C_0 und L ist, wobei L als Kreis mit unendlich großem Radius angesehen wird.) •

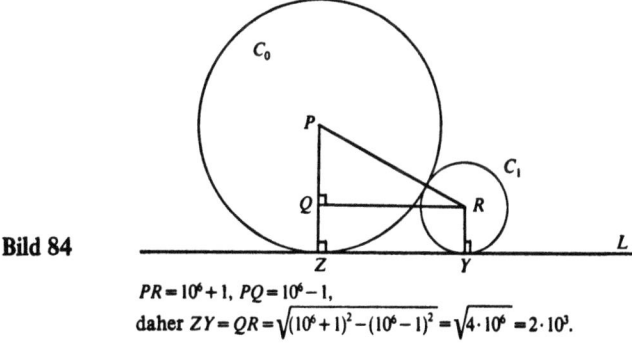

Bild 84

$PR = 10^6+1$, $PQ = 10^6-1$,
daher $ZY = QR = \sqrt{(10^6+1)^2 - (10^6-1)^2} = \sqrt{4 \cdot 10^6} = 2 \cdot 10^3$.

Literatur

Coxeter and Greitzer, Geometry Revisited vol. 19, New Mathematical Library, Math. Assoc. of America, S. 108 ff.

Problem 70

Gleiche Ziffern am Ende einer Quadratzahl*

Wieviel Ziffern enthält die längste Kette von Null verschiedener, identischer Ziffern, die am Ende einer Quadratzahl stehen? Außerdem bestimme man das kleinste Quadrat, dessen Darstellung in einer solchen Kette endet.

Lösung

Für jede natürliche Zahl gilt

$$n \equiv 0, \pm 1, \pm 2, \pm 3, \pm 4 \text{ oder } \pm 5 \pmod{10}$$

und

$$n^2 \equiv 0, 1, 4, 9, 6 \text{ oder } 5 \pmod{10}$$

Deswegen endet keine Quadratzahl auf 2, 3, 7 oder 8. Wir müssen nur die Ziffern 1, 4, 5, 6 und 9 untersuchen. n ist entweder gerade oder ungerade. Das bedeutet

$$n^2 = (2a)^2 = 4a^2 \text{ oder } n^2 = (2a+1)^2 = 4(a^2+a) + 1$$

oder

$$n^2 \equiv 0, 1 \pmod 4.$$

Es gilt ab...cxy = ab...c00 + xy ≡ xy (mod 4). Deshalb kann eine Quadratzahl nicht auf 11, 55, 66 oder 99 enden: jede dieser Zahlen ist nämlich modulo 4 zu 2 oder 3 kongruent. Ein Quadrat mit mehre-

---

* Ein Problem der Putnam Examination, 1970.

ren gleichen Ziffern am Ende ist daher nur möglich, wenn die Einerstelle eine 4 ist.

Steht am Ende eines Quadrates mindestens vier Mal die Ziffer 4, so bedeutet dies

$n^2 = ab \ldots c4444 = ab \ldots c0000 + 4400 + 44.$

Wegen 16|10000 und 16|4400 ergibt sich $n^2 \equiv 12 \pmod{16}$. Modulo 16 gilt

$n \equiv 0, \pm 1, \pm 2, \pm 3, \pm 4, \pm 5, \pm 6, \pm 7, \pm 8$ und
$n^2 \equiv 0, 1, 4, 9, 0, 9, 4, 1, 0$

also nie

$n^2 \equiv 12 \pmod{16}.$

Ein Quadrat endet also auf höchstens drei Vierer. 444 ist kein Quadrat. $1444 = 38^2$, zeigt, daß ein Quadrat auf drei Vierer enden kann, und 1444 ist damit die kleinste Zahl mit dieser Eigenschaft. •

Problem 71

Ein Winkelhalbierende*

Im Dreieck ABC sei AC = BC. K sei ein Kreis mit Mittelpunkt C und einem Radius, der kleiner als AC ist (Bild 85). Man bestimme einen Punkt P auf K, in dem die Tangente an den Kreis den Winkel APB halbiert.

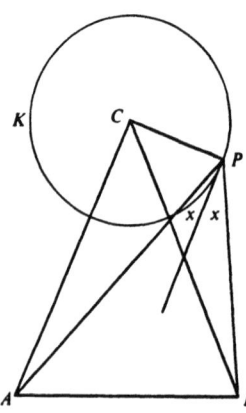

Bild 85

Lösung

Überraschenderweise liegt für jeden Kreis K der Punkt P auf dem Umkreis S des Dreiecks ABC (Bild 86).

---

* AMM, 1927, S. 102, Problem 3710, gestellt von A. A. Bennett, Lehigh University, gelöst von Velma Maness, Oklahoma University.

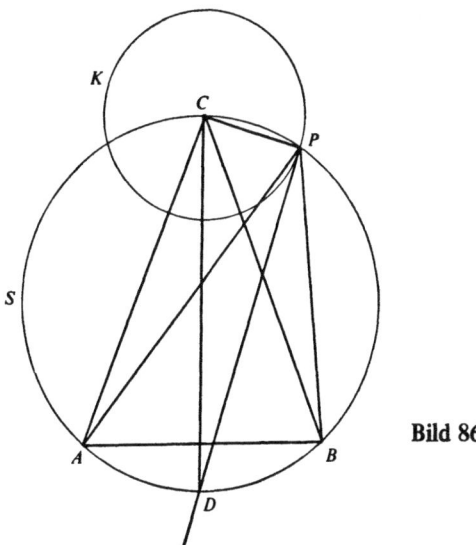

Bild 86

Es sei CD ein Durchmesser von S durch C. Der Winkel ∢ CPD ist dann ein rechter, weswegen PD die Tangente an K durch P ist. Wegen AC = BC halbiert CD den Winkel in C. Daher halbiert D den Bogen AB. Das heißt ∢ APD = ∢ DPB. ●

Problem 72

Ein Ungleichungssystem*

Was ist die größte natürliche Zahl n, für die eine Lösung x des Ungleichungssystems

$k < x^k < k + 1$ $(k = 1, 2, 3, \ldots, n)$:
$1 < x < 2$
$2 < x^2 < 3$
$3 < x^3 < 4$
$4 < x^4 < 5$
. . . .

existiert?

Lösung

Das größtmögliche n ist 4. Würde ein x die fünf ersten Ungleichungen erfüllen, so erhielte man aus der dritten

$3 < x^3$

und aus der fünften

$x^5 < 6$.

Das ergibt $3^5 < x^{15} < 6^3$ und $243 < 216$, einen Widerspruch. Deshalb ist n nicht größer als 4.

Wegen $\sqrt[4]{4} = \sqrt{2}$ erfüllt jedes x zwischen $\sqrt[3]{3}$ und $\sqrt[4]{5}$ die ersten vier Ungleichungen. ●

---

* AMM, 1960, S. 476, Problem E 1388, gestellt von H. W. Gould, West Virginia University, gelöst von N. J. Fine, Institute for Advanced Study.

Problem 73

Eine unerwartete Eigenschaft des regelmäßigen 26-Ecks*

Einem Kreis mit Mittelpunkt O ist ein reguläres 26-Eck $A_1 A_2 \ldots A_{26}$ eingeschrieben (Bild 87). Der Mittelpunkt O wird an den Sehnen $A_{25} A_1$ und $A_2 A_6$ in die Punkte O_1 und O_2 gespiegelt. Man beweise die bemerkenswerte Eigenschaft, daß durch $O_1 O_2$ die Seitenlänge des gleichseitigen Dreiecks gegeben ist, das man dem Kreis einschreiben kann.

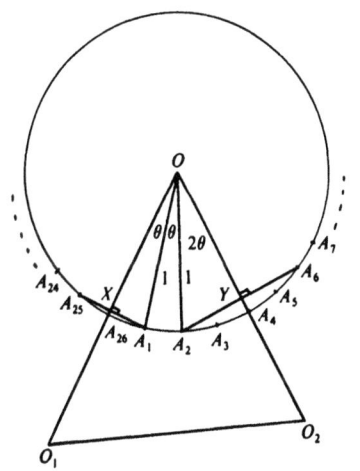

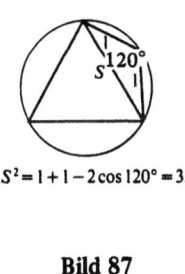

$S^2 = 1 + 1 - 2\cos 120° = 3.$

Bild 87

---

* AMM, 1958, S. 716, Problem 4768, gestellt von Victor Thébault, Tennie, Sarthe, Frankreich, gelöst von W. J. Blundon, University of Newfoundland.

Lösung

Der Kreisradius sei eine Längeneinheit lang. Man kann einem Kreis ein gleichseitiges Dreieck einschreiben, indem man die Ecken eines regelmäßigen Sechsecks abwechselnd miteinander verbindet; dieses Sechseck erhält durch sechsmaliges Abtragen des Radius auf dem Kreisumfang. Der Cosinus-Satz liefert, daß die Seitenlänge eines gleichseitigen Dreiecks im Einheitskreis durch $\sqrt{3}$ gegeben ist. Wir haben daher $O_1O_2 = \sqrt{3}$ zu zeigen.

Weil OO_1 die Mittelsenkrechte von $A_{25}A_1$ ist, geht diese Strecke durch A_{26}. Aus einem ähnlichen Grund geht OO_2 durch A_4. Θ sei der einer Seite des 26-Ecks im Mittelpunkt gegenüberliegende Winkel. Das heißt $\Theta = 2\pi/26 = \pi/13$ und $\angle A_1OA_2 = \Theta$; sind X und Y die Mittelpunkte von $A_{25}A_1$ und A_2A_6, so gilt weiterhin $\angle A_1OX = \Theta$ und $\angle A_2OY = 2\Theta$. Da die Radien A_1O und A_2O die Länge 1 haben, erhält man $OX = \cos\Theta$ und $OY = \cos 2\Theta$, und für die doppelt so langen Strecken OO_1 und OO_2: $OO_1 = 2\cos\Theta$, $OO_2 = 2\cos 2\Theta$.

Die Anwendung des Cosinus-Satzes auf das Dreieck OO_1O_2 ergibt

$$O_1O_2^2 = OO_1^2 + OO_2^2 - 2(OO_1)(OO_2)\cos 4\Theta$$
$$= 4\cos^2\Theta + 4\cos^2 2\Theta - 2(2\cos\Theta)(2\cos 2\Theta)(\cos 4\Theta).$$

Wir schließen das Argument mit der Anwendung einiger (wohlbekannter) trigonometrischen Formeln ab. Aus $\cos 2x = 2\cos^2 x - 1$ folgt $4\cos^2 x = 2 + 2\cos^2 x$ und weiter

$$O_1O_2^2 = (2 + 2\cos 2\Theta) + (2 + 2\cos 4\Theta) - 8\cos\Theta \cdot \cos 2\Theta \cdot$$
$$\cos 4\Theta = 4 + 2\cos 2\Theta + 2\cos 4\Theta - 8\cos\Theta \cdot \cos 2\Theta \cdot \cos 4\Theta.$$

Als Überraschung multiplizieren wir diese Gleichung mit $\sin\Theta$:

$$O_1O_2^2 \sin\Theta = 4\sin\Theta + 2\sin\Theta \cdot \cos 2\Theta + 2\sin\Theta \cdot \cos 4\Theta -$$
$$- 8\sin\Theta \cdot \cos\Theta \cdot \cos 2\Theta \cdot \cos 4\Theta.$$

Es gilt aber

$$8\sin\Theta \cdot \cos\Theta \cdot \cos 2\Theta \cdot \cos 4\Theta = 4\sin 2\Theta \cdot \cos 2\Theta \cdot \cos 4\Theta$$
$$= 2\sin 4\Theta \cdot \cos 4\Theta = \sin 8\Theta.$$

Und (für alle natürlichen Zahlen n)

$2 \sin \Theta \cdot \cos n\Theta = \sin(n+1)\Theta - \sin(n-1)\Theta.$

Das bedeutet

$O_1 O_2^2 \sin \Theta = 4 \sin \Theta + (\sin 3\Theta - \sin \Theta) +$
$+ (\sin 5\Theta - \sin 3\Theta) - \sin 8\Theta.$

Das schließlich heißt

$O_1 O_2^2 \sin \Theta = 3 \sin \Theta \quad$ und $\quad O_1 O_2 = \sqrt{3}.$ ●

Problem 74

Mehr über vollkommene Quadrate*

Man beweise, daß die einzigen ganzen Zahlen für die

$$x^4 + x^3 + x^2 + x + 1$$

ein vollkommenes Quadrat ist, die Zahlen x = − 1, 0 und 3 sind.

Lösung

(Dieses Problem war sieben Jahre lang ungelöst bis dann Professor Bennet mit dem folgenden, klugen Vorgehen auftrat, das auf der bekannten Methode der „Quadratergänzung" beruht.)

Wir suchen ganze Lösungen der Gleichung

$$y^2 = x^4 + x^3 + x^2 + x + 1.$$

Dazu versuchen wir y durch x auszudrücken. Es gilt

$$\left(x^2 + \frac{x}{2}\right)^2 = x^4 + x^3 + \frac{x^2}{4}$$

wobei die ersten beiden Terme rechts schon richtig sind. Der Wert von $x^2 + \frac{x}{2} + 1$ ist noch besser:

$$\left(x^2 + \frac{x}{2} + 1\right)^2 = x^4 + x^3 + \frac{9}{4}x^2 + x + 1 = y^2 + \frac{5}{4}x^2.$$

Dies ist aber für $x \neq 0$ dennoch zu groß. Andererseits gilt

$$\left(x^2 + \frac{x}{2} + \frac{\sqrt{5}-1}{4}\right)^2 = x^4 + x^3 + \frac{2\sqrt{5}-1}{4}x^2 +$$

$$+ \frac{\sqrt{5}-1}{4}x + \frac{3-\sqrt{5}}{8} = y^2 - \frac{5-2\sqrt{5}}{4}\left(x + \frac{3+\sqrt{5}}{2}\right)^2 < y^2,$$

weil $(5-2\sqrt{5})/4$ positiv und x von der irrationalen Zahl $-(3+\sqrt{5})/2$ verschieden ist. Wir haben somit Abschätzungen für beide Seiten. Der Betrag von y liegt daher irgendwo zwischen den durch die Näherungen bestimmten Schranken:

$$x^2 + \frac{x}{2} + \frac{\sqrt{5}-1}{4} < |y| \leq x^2 + \frac{x}{2} + 1.$$

Das bedeutet

$$x^2 + \frac{x + \left(\frac{\sqrt{5}-1}{2}\right)}{2} < |y| \leq x^2 + \frac{x+2}{2}.$$

Für eine geeignete reelle Zahl k mit $(\sqrt{5}-1)/2 < k \leq 2$ gilt somit

$$|y| = x^2 + \frac{x+k}{2}.$$

x und y sind ganze Zahlen; das bedeutet, daß auch $(x+k)/2$ ganz und $x+k$ gerade ist. Ferner ist auch k eine ganze Zahl. Deshalb sind die einzig möglichen Werte für k die Zahlen 1 und 2 ($(\sqrt{5}-1)/2$ liegt zwischen 0 und 1). Wir untersuchen die Fälle k = 2 und k = 1.

Für k = 2 gilt $|y| = x^2 + \frac{x}{2} + 1$. Aus $(x^2 + \frac{x}{2} + 1)^2 = y^2 + \frac{5}{4}x^2$ folgt $y^2 = y^2 + \frac{5}{4}x^2$ oder x = 0.

Im Falle k = 1 gilt

$$|y| = x^2 + \frac{x+1}{2}.$$

Andererseits erkennt man leicht die Gültigkeit von

$$y^2 = \left(x^2 + \frac{x+1}{2}\right)^2 - \frac{(x-3)(x+1)}{2}$$

Das bedeutet daher

$$y^2 = y^2 - \frac{(x-3)(x+1)}{2},$$

woraus $(x-3)(x+1) = 0$ folgt, was wiederum $x = 3$ oder $x = -1$ bedeutet. Die Behauptung erhält man nun, wenn man noch nachrechnet, daß $x = -1, 0, 3$ wirklich ganze Werte von y liefern. •

Lange Zeit glaubte ich, daß dieser nette Beweis eine ziemlich bemerkenswerte Leistung darstellt. Umsomehr war ich überrascht und entzückt, eine ähnliche, aber viel elegantere Lösung in der Zeitschrift *Mathematical Digest* zu finden, einer anspruchslosen, vervielfältigten Publikation für die Schüler der High School in der Umgebung von Kapstadt in Südafrika.

In der Ausgabe vom Juli 1973 findet sich die folgende Lösung: Man beachte

$$\left(x^2 + \frac{x}{2}\right)^2 = x^4 + x^3 + \frac{x^2}{4} =$$
$$= x^4 + x^3 + x^2 + x + 1 - \left(\frac{3x^2}{4} + x + 1\right)$$
$$= y^2 - \frac{1}{4}(3x^2 + 4x + 4).$$

Weil die Diskriminante von $3x^2 + 4x + 4$ (nämlich $4^2 - 4 \cdot 3 \cdot 4 = -32$) negativ ist, ist $3x^2 + 4x + 4$ für alle reellen Zahlen x positiv. Das heißt

$$\left(x^2 + \frac{x}{2}\right)^2 < y^2 \text{ oder } \left|x^2 + \frac{x}{2}\right| < |y|.$$

Da $x^2 + x/2 = x(x + \frac{1}{2})$ für alle ganzen Zahlen nicht-negativ ist, gilt

$$\left|x^2 + \frac{x}{2}\right| = x^2 + \frac{x}{2}$$

woraus

$$x^2 + \frac{x}{2} < |y|$$

folgt.

Wäre x eine gerade ganze Zahl, so wäre $x^2 + (x/2)$ ebenfalls ganz, was für die noch größere ganze Zahl $|y|$ bedeutet, daß sie um mindestens 1 größer ist als $x^2 + \frac{x}{2}$. Ist x ungerade, so liegt $x^2 + (x/2)$

in der Mitte zwischen zwei benachbarten ganzen Zahlen. $|y|$ muß aber um mindestens 1/2 größer sein. In jedem Fall gilt

$$|y| \geq \left(x^2 + \frac{x}{2}\right) + \frac{1}{2}$$

und

$$\begin{aligned}y^2 &\geq x^4 + x^3 + \frac{5x^2}{4} + \frac{x}{2} + \frac{1}{4} \\ &= x^4 + x^3 + x^2 + x + 1 + \left(\frac{x^2}{4} - \frac{x}{2} - \frac{3}{4}\right) \\ &= y^2 + \frac{1}{4}(x^2 - 2x - 3).\end{aligned}$$

Das bedeutet $x^2 - 2x - 3 \leq 0$ und $(x + 1)(x - 3) \leq 0$, weswegen x einer der Werte $-1, 0, 1, 2, 3$ sein muß. Die Lösung ist beendet mit den Versuchen $x = 1$ und $x = 2$, die beim Einsetzen keine Quadrate liefern.

Problem 75

Ein ungewöhnliches Polynom*

Man bestimme $P(n+2)$, wenn $P(x)$ ein Polynom vom Grade n ist mit $P(x) = 2^x$ für $x = 1, 2, 3, \ldots, n+1$.

Lösung

Aus dem binomischen Lehrsatz folgt

$$2^m = (1+1)^m = \binom{m}{0} + \binom{m}{1} + \ldots + \binom{m}{m} \text{ für } m = 1, 2, \ldots, n+1, \ldots$$

n ist eine beliebige, aber feste natürliche Zahl. Wir betrachten das (von n abhängige) Polynom

$$f(x) = 2\left[\binom{x-1}{0} + \binom{x-1}{1} + \ldots + \binom{x-1}{n}\right].$$

Das Glied höchsten Grades in $f(x)$ ist

$$2\binom{x-1}{n} = 2\frac{(x-1)(x-2)\ldots(x-n)}{n!},$$

welches bezüglich x den Grad n besitzt. Deswegen hat $f(x)$ selbst den Grad n. Für $x = 1, 2, \ldots, n+1$ erhält man

$$f(x) = 2\left[(1+1)^{x-1}\right] = 2^x \text{ (für } m < n \text{ gilt } \binom{m}{n} = 0\text{)}.$$

---

* Pi Mu Epsilon, Vol. 4, 1964, S. 77, Problem 158, gestellt und gelöst von Murray Klamkin, University of Minnesota.

f (x) und P (x) haben also beide den Grad n und stimmen für die n + 1 Werte x = 1, 2, ..., n + 1 überein. Das heißt, daß f überhaupt mit P identisch ist. Das ergibt

$$P(n+2) = \left[\binom{n+1}{0} + \binom{n+1}{1} + \ldots + \binom{n+1}{n}\right]$$
$$= 2\left[2^{n+1} - \binom{n+1}{n+1}\right] = 2^{n+2} - 2.$$

Ganz ähnlich erhält man

$$P(n+3) = 2\left[2^{n+2} - \binom{n+2}{n+1} - \binom{n+2}{n+2}\right]$$
$$= 2[2^{n+2} - (n+2) - 1] = 2^{n+3} - 2n - 6. \bullet$$

Problem 76

Schwerpunkte, die auf einem Kreis liegen*

Es seien A, B, C und D vier auf einem Kreis liegende Punkte; G_A, G_B, G_C und G_D seien (in dieser Reihenfolge) die Schwerpunkte der Dreiecke BCD, ACD, ABD und ABC (Bild 88). Man beweise, daß G_A, G_B, G_C und G_D ebenfalls auf einem gemeinsamen Kreis liegen.

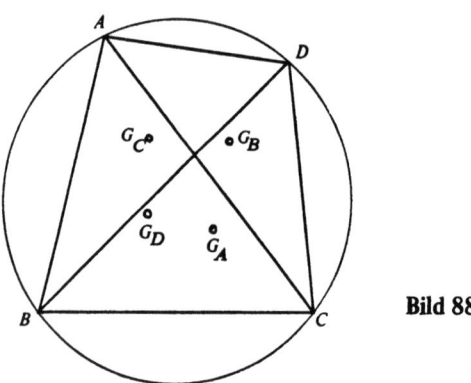

Bild 88

Lösung

Wir befestigen je eine Einheitsmasse in den Punkten A, B, C und D. Dabei sei G der Schwerpunkt dieses Systems. Die Einheitsmassen in A, B und C sind zu einer Masse von drei Einheiten in G_D gleichwertig. Das Gesamtsystem ist daher äquivalent zum System einer Ein-

---

* AMM, 1965, S. 1026, Problem E 1740, gestellt von D. P. Ambrose, University of Colorado, gelöst von Michael Goldberg, Washington D.C.

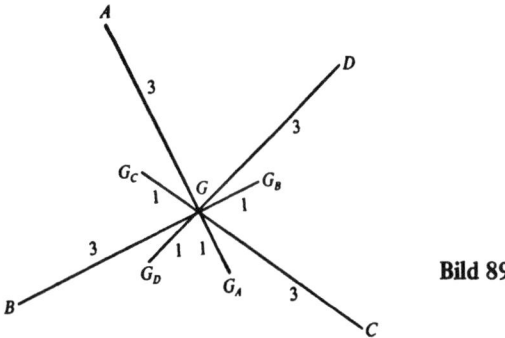

Bild 89

heitsmasse in D und einer Masse von drei Einheiten in G_D. Daher liegt G auf der Strecke $G_D D$ und teilt diese Strecke im Verhältnis 1:3 (Bild 89).

Ähnlich ergibt sich, daß G auf den Strecken $G_A A$, $G_B G$ und $G_C C$ liegt und jede dieser Strecken im Verhältnis 1:3 teilt. Die Streckung G (−1/3) führt daher A, B, C und D in G_A, G_B, G_C bzw. G_D über.

Durch eine Streckung gehen Kreise aber in Kreise über. Weil A, B, C und D auf einem Kreis liegen, müssen die Punkte G_A, G_B, G_C und G_D ebenfalls Punkte auf einem ihnen gemeinsamen Kreis sein. •

Es ist zu bemerken, daß man zu den n Ecken eines beliebigen Polygons ein dazu ähnliches Polygon bestimmen kann, das durch die n Schwerpunkte der n Teilpolygone gegeben ist, die aus je n − 1 Ecken des Ausgangspolygons bestehen. Eine ähnliche Beziehung ist auch im dreidimensionalen Raum richtig.

Der „mechanische" Zugang liefert häufig rasche Lösungen für geometrische Probleme beträchtlichen Schwierigkeitsgrades. Man kann damit ganz einfach die Existenz gewisser Punkte im Dreieck zeigen:

Schwerpunkt, Inkreismittelpunkt, Punkt von Gergonne, Punkt von Nagel. Ebenfalls einfach gestaltet sich der Beweis mancher Sätze, wie zum Beispiel der des Satzes von Ceva und der des Satzes von Menelaos.

Wir betrachten das folgende Problem, das einem Wettbewerb in Rumänien entstammt:

A, B und C seien feste Punkte einer Ebene; A', B', C' seien variable Punkte in einer weiteren Ebene π. Die Mittelpunkte der Strecken AA', BB' und CC' seien L, M und N. Was ist der Ort des Schwerpunktes S des Dreiecks LMN?

Wir bringen je eine Einheitsmasse in jedem der Punkte A, B, C, A', B' und C' an. Die beiden Massen in A und A' sind einer Masse von zwei Einheiten im Mittelpunkt L der Strecke AA' äquivalent. Ganz ähnlich erkennt man, daß das Gesamtsystem dem System von je einer Masse von zwei Einheiten in L, M und N gleichwertig ist. Der Schwerpunkt S des Dreiecks LMN ist daher der Schwerpunkt des Gesamtsystems.

Die Massen in A, B und C sind der dreifachen Einheitsmasse in G äquivalent; die Massen in A', B' und C' sind der dreifachen Einheitsmasse in G', dem Schwerpunkt des Dreiecks A'B'C', gleichwertig. Deswegen muß der Schwerpunkt S die Strecke GG' halbieren. Wenn A', B' und C' die Ebene π durchlaufen, durchläuft G' ebenfalls ganz π. G ist fest. Das bedeutet, daß S die ganze Ebene durchläuft, die das Bild der Ebene π bei der Streckung G (1/2) ist.

Unser letztes Problem in diesem Abschnitt stammt von Murray Klamkin, University of Waterloo:

Man beweise, daß, wenn ABCD ein räumliches Viereck ist, das einer Kugel umgeschrieben ist, die Berührungspunkte P, Q, R und S des Vierecks mit der Kugel auf einem Kreis liegen.

Die Tangenten von einem Punkt an eine Kugel haben alle dieselbe Länge. Es sei AP = AS = a, BP = BQ = b, CQ = CR = c und DR = DS = d (Bild 90). In den Punkten A, B, C und D befestigen wir die Massen 1/a, 1/b, 1/c und 1/d. Die Massen in A und B haben bezüglich P gleiche, entgegengesetzt gerichtete Drehmomente. Deswegen sind sie einer Masse von (1/a) + (1/b) in P äquivalent. Ebenso sind die Massen in C und D einer (gewissen) Masse in R äquivalent. Daher liegt der Schwerpunkt G des Gesamtsystems auf der Strecke PR. Betrachtet man die Massen B und C bzw. A und D, so erhält man auf gleiche Weise, daß G auf der Strecke QS liegt. Das bedeutet, daß die

Strecken PR und QS einander (in G) schneiden müssen. Durch diese Strecken ist folglich eine Ebene π bestimmt. Dann gehören die Berührungspunkte P, Q, R und S offensichtlich dem Schnittkreis von π mit der Kugel an.

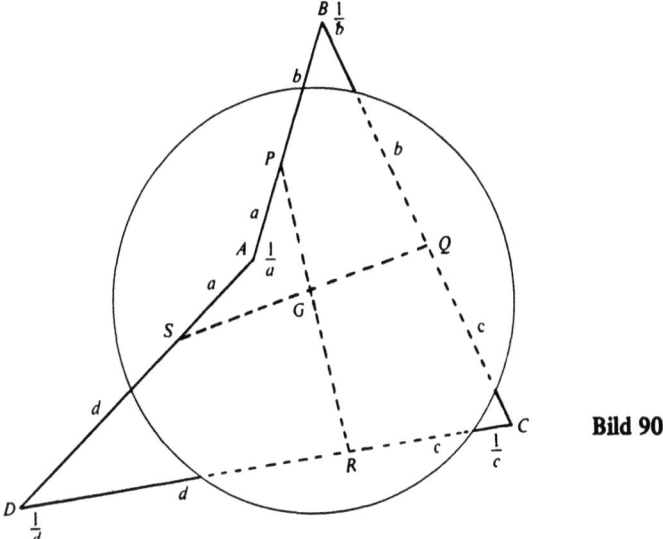

Bild 90

Problem 77

Ein einfacher Rest*

Was bleibt bei der Division von $x + x^9 + x^{25} + x^{49} + x^{81}$ durch $x^3 - x$ als Rest?

Lösung

Es gilt

$$\frac{x^{81} + x^{49} + x^{25} + x^9 + x}{x^3 - x} = \frac{x^{80} + x^{48} + x^{24} + x^8 + 1}{x^2 - x}$$

$$= \frac{(x^{80} - 1) + (x^{48} - 1) + (x^{24} - 1) + (x^8 - 1) + 5}{x^2 - 1}$$

Da $x^2 - 1$ ein Teiler von $x^{2n} - 1$ ist, bleibt als Rest 5. Weil x im Zähler und Nenner gekürzt wurde, ist der wirkliche Rest 5x, weil ja

$$\frac{5}{x^2 - 1} = \frac{5x}{x^3 - x}$$

gilt. ●

---

* AMM, 1973, S. 640, einem Wettbewerb im Rahmen der Stanford Competitive Mathematics Examination entnommen.

Problem 78

Eine merkwürdige Eigenschaft von 3[*]

Man zeige, daß für zwei natürliche Zahlen m und n eine der Zahlen $\sqrt[n]{m}$ oder $\sqrt[m]{n}$ immer kleiner oder gleich $\sqrt[3]{3}$ ist.

Lösung

Wir nehmen m = n an und wollen $\sqrt[n]{n} \leqslant \sqrt[3]{3}$ oder $n^{1/n} \leqslant 3^{1/3}$ bzw. $n^3 \leqslant 3^n$ zeigen. Der Beweis kann durch Induktion geführt werden:

Für n = 1, 2 und 3 ist die Behauptung offensichtlich richtig. Es gelte also

$$n^3 \leqslant 3^n \quad \text{für einen Wert} \quad n \geqslant 3.$$

Dann gilt

$$3^{n+1} = 3 \cdot 3^n \geqslant 3n^3 = n^3 + 3n^2 + 3n + (n-3)n^2 + (n^2-3)n$$
$$> n^3 + 3n^2 + 3n + 1 =$$
$$= (n+1)^3.$$

Die Behauptung ist somit für m = n gezeigt.

Das scheint aber bloß ein Spezialfall zu sein, wobei m ≠ n die allgemeine Situation wäre. Tatsächlich ist es aber gerade umgekehrt.

Ist nämlich (z. B.) m < n, so ergibt sich

$$\sqrt[n]{m} < \sqrt[n]{n} \leqslant \sqrt[3]{3}.$$

Außerdem gilt die Gleichheit nur im Falle m = n = 3. •

---

[*] AMM, 1970, S. 768, Problem E 2190, gestellt von Harry Pollard, Purdue University, gelöst von Charles Wexler, Arizona State University, sowie von 118 weiteren Mathematikern.

Problem 79

Ein Quadrat im Quadrat*

Von den Ecken eines Quadrats aus werden Verbindungsgeraden zu den Mittelpunkten (geeigneter) Seiten gezogen (Bild 91). Man beweise das überraschende Ergebnis, daß die Fläche des dabei entstehenden kleineren Quadrates gleich einem Fünftel der Fläche des ursprünglichen Quadrates ist.

Bild 91

Lösung

Dem „Kreuz" (Bild 92), bestehend aus fünf gleich großen Quadraten, entnimmt man, daß die Gerade AD die Strecke PQ in deren Mittelpunkt X schneidet und daß die Dreiecke ADX und XQD zu-

---

* Scripta Mathematica, 1953, S. 270, Curiosa 348, von Nev. R. Mind.

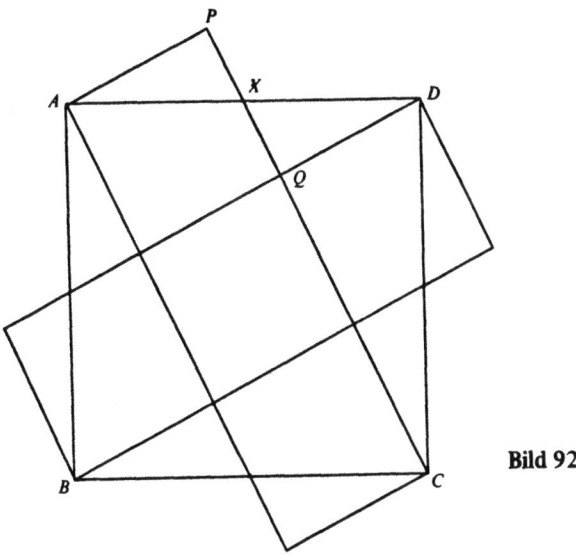

Bild 92

einander kongruent sind. Jetzt schneidet man das Dreieck APX ab und bringt es mit dem Dreieck XQD zur Deckung. Diese Prozedur wiederholt man für die Eckpunkte B, C und D. Dann erkennt man ohne Schwierigkeiten, daß man dadurch ein Quadrat erhält.

Die Fläche bleibt gleich. Deshalb hat das mittlere Quadrat ein Fünftel der Gesamtfläche als Inhalt. •

Problem 80

Immer ein Quadrat*

Man bilde eine Zahl A, deren Dezimaldarstellung aus einer geraden Anzahl von Einsern besteht. Die Zahl B bestehe aus lauter Vierern. Deren Anzahl sei halb so groß wie die Zahl der Einser in der Darstellung von A. Man beweise dann, daß A + B + 1 eine Quadratzahl ist.

Lösung

A habe 2m Stellen und B m Stellen. Dann gilt

$$\left(\frac{3B}{4}\right)^2 = \left[\frac{3}{4}\underbrace{(44\ldots 4)}_{m}\right]^2 = \underbrace{(33\ldots 3)}_{m}\underbrace{(33\ldots 3)}_{m} =$$

$$= \underbrace{(11\ldots 1)}_{m}\underbrace{(99\ldots 9)}_{m} = \underbrace{(11\ldots 1)}_{m}(10^m - 1) =$$

$$= \underbrace{11\ldots 1}_{m}\underbrace{00\ldots 0}_{m} - \underbrace{11\ldots 1}_{m}.$$

Dazu addiert man $\frac{1}{2}$B, berücksichtigt $\frac{1}{2}$B = $\underbrace{22\ldots 2}_{m}$ = $2\underbrace{(11\ldots 1)}_{m}$

---

* AMM, 1895, S. 367, Problem 30, gestellt von Cooper D. Schmitt, University of Tennessee, gelöst von George Zerr, Texarkansas College, Arkansas-Texas, und von H. C. Wilkes, Skull Run, West Virginia.

und erhält

$$\left(\frac{3B}{4}\right)^2 + \frac{1}{2}B = \underbrace{11\ldots1}_{m}\underbrace{00\ldots0}_{m} + \underbrace{11\ldots1}_{m} = \underbrace{11\ldots\ldots1}_{2m} = A.$$

Das bedeutet

$$\begin{aligned}
A + B + 1 &= \left[\left(\frac{3B}{4}\right)^2 + \frac{1}{2}B\right] + B + 1 \\
&= \left(\frac{3B}{4}\right)^2 + \frac{3}{2}B + 1 \\
&= \left(\frac{3B}{4} + 1\right)^2 \\
&= (\underbrace{33\ldots34}_{m})^2. \ \bullet
\end{aligned}$$

Problem 81

Eine Einteilung der natürlichen Zahlen*

Wir denken uns die natürlichen Zahlen folgendermaßen in Gruppen eingeteilt:

(1), (2, 3), (4, 5, 6), (7, 8, 9, 10), (11, 12, 13, 14, 15), ...

Ferner lassen wir jede zweite Gruppe weg. Man beweise, daß die Summe der Zahlen in den verbleibenden ersten k Gruppen durch k^4 gegeben ist. Zum Beispiel gilt für k = 3:

$$1 + (4 + 5 + 6) + (11 + 12 + 13 + 14 + 15) = 81 = 3^4$$

Lösung

In der ursprünglichen Situation gehen den n-ten Gruppen n − 1 Gruppen voran, die die ersten $1 + 2 + 3 + \ldots + n - 1 = \frac{(n-1)n}{2}$ natürliche Zahlen enthalten. Die erste Zahl der n-ten Gruppe muß daher $(n-1)n/2 + 1$ sein. Ähnlich erkennt man, daß die letzte Zahl in dieser Gruppe durch $n(n+1)/2$ gegeben ist. Das bedeutet für die Summe S(n) der Zahlen in der n-ten Gruppe:

$$S(n) = \frac{n}{2}\left[\frac{(n-1)n}{2} + 1 + \frac{n(n+1)}{2}\right] = \frac{n(n^2+1)}{2}$$

Die k-te Gruppe, die nach der Streichung jeder zweiten bleibt, ist die (2k − 1)-te Gruppe der ursprünglichen Einteilung. Wir haben daher

$$S(1) + S(3) + \ldots + S(2k-1) = k^4$$

---

* Scripta Mathematica, 1939, S. 218, Curiosa 56, von Dov Juzuk.

zu zeigen. Dies geschieht durch Induktion, wobei der Induktionsanfang wegen S (1) = 1 klar ist. Gilt außerdem S (1) + S (3) + ... + S (2 k − 1) = k^4, so bedeutet das

$$S(1) + S(3) + \ldots S(2k+1) = k^4 + S(2k+1) =$$
$$= k^4 + \frac{(2k+1)\left[(2k+1)^2 + 1\right]}{2}$$

wobei der letzte Ausdruck nichts anderes als $(k + 1)^4$ ergibt. ●

Problem 82

Dreiecke, deren Seitenlängen benachbarte Glieder einer arithmetischen Folge sind*

Man zeige, daß die Verbindungsgerade von Schwerpunkt und Inkreismittelpunkt eines Dreiecks parallel zu einer der Seiten ist, falls die Seitenlängen benachbarte Glieder einer arithmetischen Folge sind.

Lösung

Das betrachtete Dreieck sei ABC; die Seiten seien $c < b < a$ (a die dem Eckpunkt A gegenüberliegende Seite usw.). Weil die Seitenlängen benachbarte Glieder einer arithmetischen Folge sein sollen, gilt $a + c = 2b$.

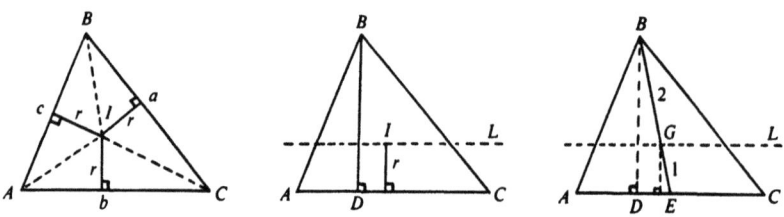

Bild 93

---

* AMM, 1940, S. 708, gestellt von J. H. Butchard, Phillips University, gelöst von D. L. MacKay, Evander Hills High School, New York.

Weiterhin sei I der Inkreismittelpunkt und r der Radius des Inkreises (Bild 93). Für die Fläche gilt dann

$$\Delta \,(ABC) = \Delta\,(IAC) + \Delta\,(IBC) + \Delta\,(IAB)$$
$$= \frac{1}{2}\,br + \frac{1}{2}\,ar + \frac{1}{2}\,cr$$
$$= \frac{1}{2}\,r\,(a + b + c).$$

Andererseits gilt $\Delta\,(ABC) = \frac{1}{2}\,BD \cdot b$, wobei BD die Höhe durch B ist. Das ergibt $\frac{1}{2}\,BD \cdot b = \frac{1}{2}\,r\,(a + b + c)$ und

$$\frac{r}{BD} = \frac{b}{a + b + c} = \frac{b}{3b} = \frac{1}{3}.$$

Daher liegt I auf der zu AC parallelen Geraden L, die von AC ein Drittel des Abstandes zwischen AC und B entfernt ist. Der Schwerpunkt G teilt die Schwerlinie BE im Verhältnis 2:1, woraus folgt, daß G ebenfalls auf L liegt (ähnliche Dreiecke). L ist also durch G und I bestimmt. Die Gerade durch G und I ist daher zu AC parallel. •

Problem 83

Durch Permutationen bestimmte Brüche*

Es sei $b_1, b_2, \ldots, b_n$ eine Permutation der positiven reellen Zahlen $a_1, a_2, \ldots, a_n$. Man zeige

$$\frac{a_1}{b_1} + \frac{a_2}{b_2} + \ldots + \frac{a_n}{b_n} \geq n.$$

Lösung

Weil das arithmetische Mittel von n positiven Zahlen nicht kleiner ist als das geometrische Mittel dieser Zahlen, ergibt sich

$$\frac{1}{n}\left[\frac{a_1}{b_1} + \frac{a_2}{b_2} + \ldots + \frac{a_n}{b_n}\right] \geq \left[\frac{a_1}{b_1} \cdot \frac{a_2}{b_2} \cdots \frac{a_n}{b_n}\right]^{1/n} = 1.$$

Daraus erhält man unmittelbar die Behauptung. •

---

* AMM, 1962, S. 59, Problem E 1468, gestellt von B. H. Bissinger, Lebanon Valley College, gelöst von Julius Vogel, Prudential Insurance Company.

Problem 84

Binomialkoeffizienten *

Was ist der größte gemeinsame Teiler g der Zahlen

$$\binom{2n}{1}, \binom{2n}{3}, \binom{2n}{5}, \ldots, \binom{2n}{2n-1}?$$

Lösung

Jeder gemeinsame Teiler einer Zahlenmenge teilt die Summe dieser Zahlen. Der springende Punkt ist hier die Beziehung

$$\binom{2n}{1} + \binom{2n}{3} + \ldots + \binom{2n}{2n-1} = 2^{2n-1}.$$

Das erkennt man folgendermaßen. Aus dem binomischen Lehrsatz folgt

$$(1+x)^{2n} = \binom{2n}{0} + \binom{2n}{1}x + \binom{2n}{2}x^2 + \ldots + \binom{2n}{2n}x^{2n}.$$

Speziell für $x = 1$ ergibt dies, daß die Summe der auftretenden Binomialkoeffizienten gleich 2^{2n} ist. $x = -1$ ergibt, daß die Summe der Koeffizienten $\binom{2n}{r}$ mit ungeradem r gleich ist der Summe der Koeffizienten mit geradem r. Die Summe unserer gegebenen Zahlen ist daher halb so groß wie die Gesamtsumme aller Koeffizienten; das bedeutet, daß die Summe gleich 2^{2n-1} ist. Der größte gemeinsame Teiler g der betrachteten Zahlen teilt daher 2^{2n-1} und ist somit eine Potenz von 2.

---

* AMM, 1971, S. 201, Problem E 2227, gestellt von N. S. Mendelsohn, University of Manitoba, gelöst von Studenten des St. Olaf College.

Es sei 2^k die größte Zweierpotenz, die n teilt: $n = 2^k q$, q ungerade. Das bedeutet $\binom{2n}{1} = 2n = 2^{k+1} q$. Weil g ein Teiler von $\binom{2n}{1}$ und g eine Zweierpotenz ist, kann g nicht größer als 2^{k+1} sein. Wir zeigen $g = 2^{k+1}$, indem wir nachweisen, daß 2^{k+1} alle Koeffizienten $\binom{2n}{r}$, $r = 1, 3, 5, \ldots, 2n - 1$ teilt.

Wir betrachten die Beziehung

$$\binom{2n}{r} = \frac{(2n)!}{(2n-r)!\, r!} = \frac{2n}{r} \left[\frac{(2n-1)!}{(2n-r)!\,(r-1)!} \right] = \frac{2n}{r} \binom{2n-1}{r-1}$$
$$= \frac{2^{k+1} q}{r} \binom{2n-1}{r-1}.$$

r ist ungerade und n eine natürliche Zahl. Daher muß der Faktor 2^{k+1} im Nenner die Vereinfachung des Bruches überleben. Daraus ergibt sich die Behauptung. ●

Problem 85

Die Fermatsche Zahl F_{73} *

Die Zahlen $F_n = 2^{(2n)} + 1$, $n = 0, 1, 2, \ldots$, werden Fermatsche Zahlen genannt und zwar nach dem hervorragenden französischen Mathematiker Pierre de Fermat (1601–1665). Die ersten sechs sind

3, 5, 17, 257, 65537, 4294967297.

Der Leser kann sich sicher die gewaltige Größe der Zahl $F_{73} = 2^{(2^{73})} + 1$ vorstellen. Wir wollen in diesem Abschnitt die Frage behandeln, ob die Gesamtheit aller Bücher in allen Bibliotheken der ganzen Welt genug Platz bietet, um die Dezimaldarstellung dieser Riesenzahl F_{73} aufzunehmen. Für die Antwort auf diese Frage gehen wir von den folgenden großzügigen Abschätzungen aus, die die Bücher und Bibliotheken betreffen:

Eine Million Bibliotheken mit je einer Million Büchern, jedes davon mit 1000 Seiten, wovon jede 100 Zeilen hat, wobei jede Zeile 100 Ziffern Platz bietet.

Als zweite Aufgabe wollen wir die letzten drei Ziffern der Dezimaldarstellung von F_{73} bestimmen.

Lösung

1. Die getroffenen Annahmen bedeuten, daß allen Bibliotheken zusammen

$(100)(100)(1\,000)(1\,000\,000)(1\,000\,000) = 10^{19}$

Ziffern aufnehmen können.

---

* AMM, 1968, S. 1119, Problem E 2024, gestellt von R. B. Eggleton, Avondale College, Coorangbong, Australien, gelöst von Harry Ploss, Cooper Union, New York City.

Das ist wirklich eine ganze Menge! Wir müssen offensichtlich einen Überblick über die Stellenzahl von F_{73} gewinnen. Wegen $2^{10} = 1024 > 10^3$ gilt

$$2^{73} = 8 \cdot 2^{70} > 8 \cdot 10^{21}$$

und

$$2^{(2^{73})} > 2^{8 \cdot 10^{21}} = (2^{80})^{10^{20}} = [(2^{10})^8]^{10^{20}} > 10^{24} \cdot 10^{20}$$

F_{73} hat daher mehr als $24 \cdot 10^{20} = 240 \, (10^{19})$ Stellen. Das heißt, wir bräuchten mehr als 240 Bibliotheksanordnungen der von uns betrachteten Art, um die Dezimaldarstellung von F_{73} aufschreiben zu können.

2. Zur Bestimmung der drei letzten Stellen von F_{73} werden wir — ohne Beweis — von den beiden folgenden bemerkenswerten Ergebnissen Gebrauch machen:

(i) *Das Quadrat einer natürlichen Zahl und deren 22. Potenz enden auf den selben beiden Ziffern:*

$$n^{22} \equiv n^2 \pmod{100}$$

(ii) *Die dritte und die 103. Potenz einer natürlichen Zahl enden auf den selben drei Ziffern:*

$$n^{103} \equiv n^3 \pmod{1000}.$$

Für nichtnegatives k folgt aus (i) modulo 100

$$n^{k+22} = n^k \cdot n^{22} \equiv n^k \cdot n^2 = n^{k+2}$$

Man kann also von einem Exponenten ≥ 22 die Zahl 20 abziehen ohne den Rest der Potenz modulo 100 zu verändern. Mehrmalige Anwendung erlaubt daher eine Verminderung des Exponenten um ein Vielfaches von 20, solange nur der verkleinerte Exponent nicht kleiner als 2 ist. Ähnlich folgt aus (ii), daß modulo 1000 der Exponent um ein Vielfaches von 100 vermindert werden darf, wenn dabei der sich ergebende Exponent nur größer als 2 bleibt.

Das bedeutet nun

$$2^{73} = 2^{60+13} \equiv 2^{13} \pmod{100}.$$

Modulo 100 gilt daher

$$2^{73} \equiv 2^{13} = 2^3 \cdot 2^{10} = 8\,(1024) \equiv 8\,(24) = 192 \equiv 92.$$

Mit einer ganzen Zahl q ergibt sich somit

$$2^{73} = 100\,q + 92.$$

Die Verwendung von (ii) führt zu

$$2^{(2^{73})} = 2^{100\,q + 92} \equiv 2^{92} \pmod{1000}.$$

Eine einfache Rechnung zeigt nun $2^{92} \equiv 896 \pmod{1000}$. Daher endet $F_{73} = 2^{(2^{73})} + 1$ auf 897. •

St. Germain und Steen fanden mit Hilfe eines Computers als die 40 letzten Stellen von F_{73} die Ziffernfolge

8947301518995672165296243935786246864897.

Eine der bemerkenswerten Errungenschaften der modernen Arithmetik ist die Erkenntnis, daß die ungeheuer große Zahl

$$F_{1945} = 2^{(2^{1945})} + 1$$

zusammengesetzt ist.

F_{73} ist neben diesem Koloß mikroskopisch klein. Mit den obigen Hilfsmitteln sind aber die drei letzten Stellen von F_{1945} einfacher zu bestimmen, als die von F_{73}. Vielleicht möchte sich der Leser daran versuchen zu beweisen, daß F_{1945} auf 297 endet.

Wir beschließen diesen Abschnitt mit einer zweiten Bestimmung der drei letzten Stellen von F_{73}, wobei diesmal keine unbewiesenen Aussagen verwendet werden.

Offensichtlich gilt

$$2^{10} = 1024 = 25\,t - 1 \equiv -1 \pmod{25} \text{ mit } t = 41.$$

Aus dem binomischen Lehrsatz folgt

$$2^{100} = (2^{10})^{10} = (25\,t - 1)^{10} = (25\,t)^{10} - 10\,(25\,t)^9 + \ldots - 10\,(25\,t) + 1.$$

Da in dieser Summe jedes Glied außer dem letzten durch 125 teilbar ist, gilt

$$2^{100} \equiv 1 \pmod{125}$$

Weiter gilt

$$2^{73} = (2^{10})^7 \cdot 2^3 \equiv (-1)^7 \cdot 2^3 \equiv -8 \pmod{25},$$

woraus (mit einer ganzen Zahl k)

$$2^{73} = 25\,k - 8$$

folgt. Außerdem teilt 4 klarerweise 2^{73}. Das bedeutet

$$2^{73} \equiv 0 \equiv -8 \pmod 4 \text{ und } 2^{73} = 4\,r - 8$$

(r eine geeignete ganze Zahl). Weiter gilt

$$25\,k - 8 = 4\,r - 8 \text{ und } 25\,k = 4\,r,$$

also $4 \mid k$.

Mit $k = 4\,k_1$ erhalten wir

$$2^{73} = 100\,k_1 - 8 \equiv -8 \equiv 92 \pmod{100},$$

was (mit einer geeigneten ganzen Zahl q)

$$2^{73} = 100\,q + 92$$

bedeutet.

Wir gelangen daher zu

$$2^{(2^{73})} = 2^{100\,q + 92} = 2^{92}\,(2^{100})^q \equiv 2^{92}\,(1)^q \pmod{125}$$

und

$$2^{(2^{73})} \equiv 2^{92} \pmod{125}.$$

Es sei $2^{92} \equiv x \pmod{125}$. Damit erhält man

$$2^8 \cdot x \equiv 2^{100} \equiv 1 \pmod{125}$$

und

$$2^8 \cdot x = 256\,x \equiv 6\,x \pmod{125} \text{ sowie } 6\,x \equiv 1 \pmod{125}.$$

Somit gilt

$$6\,x \equiv 126 \pmod{125} \text{ und } x \equiv 21 \equiv -104 \pmod{125},$$

woraus
$$2^{(273)} \equiv x \equiv -104 \pmod{125}$$
folgt. Außerdem gilt offenbar $8 | 2^{(2^{73})}$. Das bedeutet
$$2^{(273)} \equiv 0 \equiv -104 \pmod{8}.$$
Als Folgerung erhält man
$$2^{(273)} = 125\,s - 104 = 8\,w - 104,$$
was zu $8|s$, $100|125\,s$ und
$$2^{(273)} = 1000\,v - 104 \equiv -104 \equiv 896 \pmod{1000}$$
führt. Daher endet F_{73} auf 897.

Problem 86

Ein Sehnenviereck*

Es sei ABCD ein Sehnenviereck. Die Verlängerungen je zweier gegenüberliegender Seiten mögen einander in P bzw. Q schneiden (Bild 94). Man beweise, daß das Viereck EFGH, das durch ABCD und die Winkelhalbierenden der Winkel in P und Q bestimmt ist, immer ein Rhombus ist.

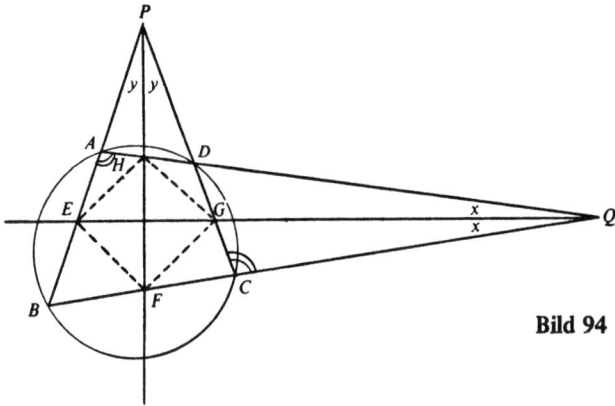

Bild 94

Lösung

Weil ABCD ein Sehnenviereck ist, stimmt der Außenwinkel DCQ mit dem Innenwinkel an der gegenüberliegenden Ecke A überein. Weil QE den Winkel in Q halbiert, stimmen die Winkel in den Dreiecken AQE und CQG paarweise überein.

---

* AMM, 1898, S. 143, Problem 90, gestellt von George Zerr, Russel College, Lebanon, Virginia.

Daraus folgt

$\angle CGQ = \angle AEQ.$

Weiter gilt

$\angle CGQ = \angle PGE$ (Scheitelwinkel)

Das bedeutet

$\angle PEG = \angle PGE,$

woraus folgt, daß das Dreieck PEG gleichschenklig ist.

Folglich ist die Winkelhalbierende in P die Mittelsenkrechte auf die Dreiecksbasis EG. H und F liegen auf dieser Mittelsenkrechten; beide Punkte haben daher von E und G denselben Abstand. Analog haben E und G denselben Abstand von H und F. EFGH ist somit tatsächlich ein Rhombus. ●

Problem 87

Besondere Tripel natürlicher Zahlen*

Man bestimme alle Tripel voneinander verschiedener natürlicher Zahlen x, y und z, die paarweise teilerfremd sind und die Eigenschaft haben, daß die Summe von je zweien durch die dritte teilbar ist.

Lösung

Wir nehmen für die Zahlen eines solchen Tripels die Anordnung $x < y < z$ an. Das ergibt

$$x + y < z + z = 2z,$$

weswegen z in $x + y$ nicht einmal zwei Mal aufgehen kann. z teilt aber $x + y$. Daher gilt $x + y = z$.

Das bedeutet $x + z = 2x + y$. Weil y die Summe teilen soll, teilt y auch $2x$. Außerdem ist $2x < 2y$, weswegen y nur ein Mal in $2x$ aufgeht: $y = 2x$.
Daraus folgt

$$x = x, \quad y = 2x, \quad z = x + y = 3x.$$

Ferner sollen x, y und z paarweise teilerfremd sein, woraus $x = 1$ folgt. Als einzige Lösung der Aufgabe ergibt sich somit $(1, 2, 3)$. ●

---

* AMM, 1957, S. 275, Problem E 1234, gestellt von Leo Moser und J. R. Pounder, University of Alberta, gelöst von E. P. Starke, Rutgers University.

Problem 88

Primzahlsummen*

S_n bezeichne die Summe der ersten n Primzahlen:

$S_n = 2 + 3 + 5 + \ldots + p_n$.

Man beweise, daß zwischen S_n und S_{n+1} immer eine Quadratzahl liegt.

Lösung

Die Behauptung ist für n = 1, 2, 3 und 4 leicht nachzuprüfen. Nun sei n ≥ 5. Wenn die Quadratwurzel zweier positiver reeller Zahlen x und y (x < y) eine natürliche Zahl m einschließen, so liegt die Quadratzahl m^2 zwischen x und y:

aus $\sqrt{x} < m < \sqrt{y}$ folgt $x < m^2 < y$.

Im Falle $\sqrt{y} - \sqrt{x} > 1$ ist das Intervall zwischen $\sqrt{x}$ und $\sqrt{y}$ zu groß, um keine natürliche Zahl zu enthalten, ganz gleich, wo $\sqrt{x}$ und $\sqrt{y}$ auf der Zahlengeraden liegen. $\sqrt{y} - \sqrt{x} > 1$ ist äquivalent zu

$\sqrt{y} > 1 + \sqrt{x}$,
$y > 1 + 2\sqrt{x} + x$,
$y - x > 1 + 2\sqrt{x}$.

Wir erhalten daher das Gewünschte, wenn wir für alle n die Beziehung

$S_{n+1} - S_n > 1 + 2\sqrt{S_n}$

nachweisen.

---

* AMM, 1969, S. 1151, Problem E 2164, gestellt von R. S. Luthar, University of Wisconsin at Wankesha, gelöst von Ivan Niven, University of Oregon (Lösung nicht veröffentlicht).

Es gilt

$$S_n = 2 + 3 + 5 + 7 + 11 + \ldots + p_n.$$

Für $n \geqslant 5$ ist S_n nicht kleiner als $2 + 3 + 5 + 7 + 11$. 9 ist hier als Summand ausgelassen. Streichen wir 2 und fügen wir die fehlenden ungeraden Zahlen hinzu, so erhalten wir mindestens $1 + 9 - 2 = 8$, woraus

$$S_n < 1 + 3 + 5 + \ldots + p_n$$

folgt, wobei rechts die Summe aller ungeraden Zahlen zwischen 1 und p steht.

Die Summe der ungeraden Zahlen bis $2k - 1$ ist durch

$$1 + 3 + \ldots + (2k - 1) = \frac{k}{2}[1 + (2k - 1)] = k^2$$

gegeben.

Für $p_n = 2k - 1$ erhalten wir $k = \frac{1}{2}(1 + p_n)$. Die Summe der ungeraden Zahlen bis p_n ist daher $\frac{1}{4}(1 + p_n)^2$. Das ergibt

$$S_n < \frac{1}{4}(1 + p_n)^2$$

und

$$\sqrt{S_n} < \frac{1}{2}(1 + p_n)$$

oder

$$2\sqrt{S_n} < 1 + p_n.$$

Weil p_{n+1} nicht kleiner als $p_n + 2$ sein kann (p_n und p_{n+1} können nicht benachbart sein) gilt weiterhin

$$S_{n+1} - S_n = p_{n+1} \geqslant p_n + 2 = 1 + (1 + p_n) > 1 + 2\sqrt{S_n},$$

was wir zeigen wollten. •

Problem 89

Noch eine merkwürdige Folge*

Dieses Problem befaßt sich mit einer merkwürdigen Erzeugungsweise für eine Folge natürlicher Zahlen. Wir fangen zum Beispiel mit 2520 an und erhalten

2520, 25, 11, 12, 8, 7, 8, ...

Jedes Folgenglied ist durch die um 1 vermehrte Summe der Primteiler des vorangehenden Gliedes bestimmt, wobei jede Primzahl so oft genommen wird, wir ihr Exponent in der Primfaktorzerlegung des Folgengliedes angibt.
Es ist

$$2520 = 2^3 \cdot 3^2 \cdot 5 \cdot 7,$$

weswegen das zweite Glied der Folge

$$1 + 3 \cdot 2 + 2 \cdot 3 + 5 + 7 = 25$$

sein muß. $25 = 5^2$ bedeutet, daß $1 + 2 \cdot 5 = 11$ das dritte Folgenglied ist. Hat n die Primfaktorzerlegung $n = p_1{}^{a_1} p_2{}^{a_2} \ldots p_k{}^{a_k}$, so gilt für das auf n folgende, mit $f(n)$ bezeichnete Glied $f(n) = 1 + a_1 p_1 + a_2 p_2 + \ldots + a_k p_k$.

Wegen $f(7) = 8$ und $f(8) = 7$ tritt eine endlose Oszillation 8, 7, 8, 7, ... ein, wenn ein Folgenglied 8 oder 7 ist. Wir wollen hier zeigen, daß Folgen mit einem Anfangsglied $n > 6$ immer ein Glied 8 oder ein Glied 7 enthalten und deswegen von einem Punkt an unendlich oft 8, 7, 8, 7, ... wiederholen.

---

* AMM, 1973, S. 810, Problem E 2356, gestellt von J. B. Roberts, Reed College, gelöst von Hans Kappus, Schweiz.

Lösung

Im oben angeführten Beispiel fällt die Folge von 2520 schon im ersten Schritt auf 25 und dann im nächsten Schritt weiter auf die noch kleinere Zahl 11. Man ist versucht zu glauben, daß f(n) immer kleiner ist als n. Auf 11 folgt aber 12, weswegen das keineswegs immer der Fall ist. Tatsächlich gilt für jede Primzahl p die Beziehung f(p) = p + 1. Aber trotzdem haben wir recht, wenn wir vermuten, daß im allgemeinen f(n) kleiner als n ist. Wir werden zeigen, daß die Folge nur steigt nach Gliedern, die Primzahlen sind, und auch dann nur um 1 und daß sonst — mit der Ausnahme n = 8 — die Folge um mindestens 2 fällt:

Für zusammengesetztes n gilt f(n) ⩽ n − 2, *falls* n ≠ 8; *im Fall* n = 8 *gilt* f(n) = n − 1.

Aus diesem Ergebnis erhalten wir dann schnell das gewünschte Ergebnis.

An einer bestimmten Stelle des Beweises müssen wir zeigen, daß für n > 6 auch f(n) > 6 gilt. Das ergibt sich aus der Betrachtung einiger einfacher Fälle:

(i) Hat n einen Primteiler, der mindestens so groß ist wie 7, so ist f(n) größer als 6, weil f(n) größer ist als jeder Primteiler von n. Folglich bleiben die Zahlen übrig, die nur die Primteiler 2, 3 und 5 haben:

$n = 2^a \cdot 3^b \cdot 5^c$.

(ii) Im Falle c ⩾ 2 gilt f(n) ⩾ 1 + 2 · 5 > 6. Im Falle c = 1 gilt wegen n ⩾ 6, daß a und b nicht beide verschwinden können. Das ergibt f(n) ⩾ 1 + 5 + 2 > 6. Daher bleiben noch die Zahlen

$n = 2^a \cdot 3^b$ übrig (c = 0).

(iii) Für b ⩾ 2 ergibt sich f(n) ⩾ 1 + 2 · 3 > 6. b = 1 und n < 6 bedeutet a ⩾ 2 und f(n) ⩾ 1 + 2 · 2 + 3 > 6. Schließlich bleibt noch der Fall $n = 2^a$.

(iv) n > 6 impliziert a ⩾ 3, woraus f(n) ⩾ 1 + 3 · 2 > 6 folgt.

An diesem Punkt angelangt, können wir den Satz beweisen.

Liegt n im Bereich der Zahlen > 6, so bleibt f(n) im selben Bereich. Eine Primzahl p in diesem Bereich ist ungerade, weswegen f(p) = p + 1 gerade ist (und zusammengesetzt). Folglich können nur die folgenden drei Arten von Paaren benachbarter Folgenglieder auftreten (auf eine Primzahl kann nicht wieder eine Primzahl folgen):

..., Primzahl, zusammengesetzte Zahl, ...
..., zusammengesetzte Zahl, Primzahl, ...
..., zusammengesetzte Zahl, zusammengesetzte Zahl, ...

Ist einer der interessanten Terme eine 8, so beginnt die Oszillation und die Folge erfüllt unsere Behauptung. Vorausgesetzt, daß f(n) um mindestens 2 kleiner ist als n, falls n zusammengesetzt und von 8 verschieden ist, ergibt sich aus den drei Arten von Paaren, daß in jedem anderen Fall nach zwei aufeinanderfolgenden Schritten eine „Nettoverminderung" von mindestens 1 auftritt.

Zum Beispiel gilt

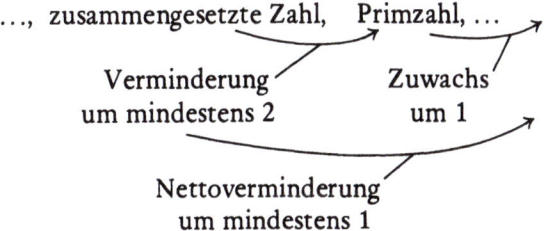

Daher erhalten wir eine Teilfolge, die – wenn keine 8 vorkommt – streng monoton fällt. Die Glieder müssen aber immer größer als 6 bleiben. Deswegen muß einmal 7 erreicht werden. Das heißt, daß ein Folgenglied 7 sein muß, von wo an dann die Oszillation beginnt. Der einzige Fall, in dem dies nicht eintritt, ist der, daß die Folge nach zwei Schritten nicht um mindestens 1 fällt. Das bedeutet aber das Auftreten des Ausnahmewertes 8. Aber auch in diesem Fall kommt es zur Oszillation. Damit ist der Beweis erbracht. Wir müssen aber noch das folgende grundlegende Ergebnis beweisen:

Für eine zusammengesetzte Zahl $n > 6$, $n \neq 8$, *gilt* $f(n) \leq n - 2$, *d. h., für* $n \geq 9$, n *zusammengesetzt, gilt* $f(n) \leq n - 2$.

Wir zeigen dies durch Induktion. Wegen f(9) = 7 gilt die Behauptung für n = 9. Nun sei n eine zusammengesetzte Zahl größer als 9. Als Induktionsvoraussetzung verwenden wir, daß die Behauptung für alle zusammengesetzten Zahlen richtig ist, die kleiner sind als n und größer oder gleich 9. Wir zeigen, daß dann n ebenfalls die in der Behauptung angeführte Eigenschaft hat.

Weil n zusammengesetzt ist, hat diese Zahl mindestens eine nicht-triviale Zerlegung

$$n = k_1 \cdot k_2, \quad 1 < k_1, k_2 < n.$$

Sind beide Faktoren k_i prim, so gilt $f(k_i) = k_i + 1$. Ist k_i zusammengesetzt und nicht kleiner als 9, dann gilt nach Induktionsvoraussetzung $f(k_i) \leq k_i - 2$. Anderenfalls ist k_i eine der Zahlen 4, 6 oder 8, was $f(k_i) = 5, 6$ oder 7 bedeutet. In jedem Fall ist daher $f(k_i)$ nicht größer als $k_i + 1$. Das heißt

$$f(k_1) \leq k_1 + 1 \quad \text{und} \quad f(k_2) \leq k_2 + 1.$$

Nun sei $n = p_1^{a_1} p_2^{a_2} \ldots p_k^{a_k}$.

Die Faktorisierung $n = k_1 k_2$ bedeutet eine Zerlegung der Primteiler in zwei nichtleere Teile:

$$n = \underbrace{(p_1^{b_1} p_2^{b_2} \ldots p_k^{b_k})}_{k_1} \underbrace{(p_1^{a_1 - b_1} p_2^{a_2 - b_2} \ldots p_k^{a_k - b_k})}_{k_2}.$$

Allgemein ist

f(t) = 1 + (Summe der Primteiler von t, jeder Primteiler geeignet oft gezählt).

Daher ist die Summe der Primteiler von k_1 — bei richtiger Wiederholung gleicher Summanden — gleich $f(k_1) - 1$. Ähnliches gilt für k_2 und n, wobei sich $f(k_2) - 1$ bzw. $f(n) - 1$ ergibt. Aus $n = k_1 k_2$ folgt aber

(Summe der Primteiler von n, jeder Primteiler geeignet oft gezählt)
= (Summe der Primteiler von k_1, jeder Primteiler geeignet oft gezählt) +
(Summe der Primteiler von k_2, jeder Primteiler geeignet oft gezählt),

was nichts anderes als

$$f(n) - 1 = f(k_1) - 1 + f(k_2) - 1$$

und

$$f(n) = f(k_1) + f(k_2) - 1$$

besagt.

Wegen $f(k_1) \leq k_1 + 1$ und $f(k_2) \leq k_2 + 1$ gilt dann
$$f(n) \leq k_1 + 1 + k_2 + 1 - 1$$
und

$$\boxed{f(n) \leq k_1 + k_2 + 1}.$$

Wir wissen, daß k_1 und k_2 größer als 1 sind und daß ihr Produkt nicht kleiner als 9 ist. Daraus leiten wir leicht ab, daß $(k_1 - 1)(k_2 - 1)$ *nicht kleiner als 4 sein kann:*

(i) Ist k_1 oder k_2 gleich 2, so gilt $k_i - 1 = 1$. Aus $n = k_1 k_2 \geq 9$ folgt, daß der zweite Faktor k_i nicht kleiner als 5 sein kann. Das bedeutet

$$(k_1 - 1)(k_2 - 1) \geq 1 \cdot 4 = 4.$$

(ii) Andernfalls ist jedes k_i größer oder gleich 3, was $k_i - 1 \geq 2$ und $(k_1 - 1)(k_2 - 1) \geq 4$ bedeutet.

Der Beweis schließt mit dem Nachweis einer hübschen Beziehung zwischen $k_1 + k_2 + 1$ und $(k_1 - 1)(k_2 - 1)$. Es gilt nämlich

$$(k_1 - 1)(k_2 - 1) = k_1 k_2 - k_1 - k_2 + 1 = k_1 k_2 - (k_1 + k_2 + 1) + 2$$

oder

$$k_1 + k_2 + 1 = k_1 k_2 + 2 - (k_1 - 1)(k_2 - 1) = n + 2 - (k_1 - 1)(k_2 - 1).$$

Die obige Ungleichung ergibt uns weiterhin

$$f(n) \leq n + 2 - (k_1 - 1)(k_2 - 1).$$

Aus $(k_1 - 1)(k_2 - 1) \geq 4$ folgt

$$f(n) \leq n + 2 - 4.$$

und

$$f(n) \leq n - 2. \bullet$$

Problem 90

Ellipsen im Gitter*

Ein Kreis von Radius 5, der in einem Gitter (aus Einheitsquadraten) liegt, muß immer einen Gitterpunkt enthalten: Der Kreis ist zu groß, um alle Gitterpunkte zu vermeiden. (Wir nehmen an, daß all unsere Figuren ihren Rand enthalten; sie sollen also *abgeschlossen* sein). Natürlich kann ein sehr kleiner Kreis so liegen, daß er keinen Gitterpunkt enthält. Da es zu jedem Punkt der Ebene einen Gitterpunkt gibt, so daß der Abstand zwischen diesen Punkten nicht größer als $\sqrt{2}/2$ ist ($\sqrt{2}/2$ ist die halbe Diagonallänge eines Einheitsquadrates im Gitter), hat jeder Kreis mit einem Radius $\geqslant \sqrt{2}/2$ unabhängig von der Lage des Mittelpunktes eine solche Ausdehnung, daß er mindestens einen Gitterpunkt enthält. Herausfordernder ist der Beweis dafür, daß ein a × b-Rechteck in beliebiger Lage genau dann mindestens einen Gitterpunkt enthält, wenn $a \geqslant 1$ und $b \geqslant \sqrt{2}$ gilt. Sehr kompliziert ist der Nachweis, daß ein Dreieck garantiert immer einen Gitterpunkt enthält genau dann, wenn die Dreiecksfläche nicht kleiner als $c^2/2$ (c − 1) ist; dabei ist c die Länge der längsten Dreiecksseite. Ein überaus interessantes Thema ist der Fall der Ellipse.

Ellipsen haben eine unendliche Vielfalt an Formen. Trotzdem ist die Bedingung dafür, daß eine Ellipse immer einen Gitterpunkt enthält, sehr einfach, sie lautet: Die Ellipse enthält in beliebiger Lage genau dann immer einen Gitterpunkt, wenn sie in der Normallage (d. h. mit Mittelpunkt im Ursprung und Achsen parallel zu den Koordinatenachsen) den Punkt (1/2, 1/2) enthält. Man beweise diesen Satz.

---

* AMM, 1967, S. 353–362, "Lattice Point Coverings by Plane Figures" von Ivan Niven, University of Oregon und H. S. Zuckerman, University of Washington; Korrekturen S. 952.

Lösung

Die Gleichung der gegebenen Ellipse sei $b^2 x^2 + a^2 y^2 = a^2 b^2$. Die Bedingung dafür, daß sie den Punkt (1/2, 1/2) enthält, ist durch

$$\frac{1}{4} b^2 + \frac{1}{4} a^2 \leqslant a^2 b^2 \quad \text{oder} \quad a^2 + b^2 \leqslant 4 a^2 b^2$$

gegeben. Der Satz sagt dann aus, daß die Ellipse immer mindestens einen Gitterpunkt enthalten wird genau dann, wenn die Beziehung $a^2 + b^2 \leqslant 4 a^2 b^2$ erfüllt ist.

(a) Hinreichend

Es gelte $a^2 + b^2 \leqslant 4a^2 b^2$. Wir betrachten nun ein Gitter L (bestehend aus Einheitsquadraten) mit Gitterpunkten (u, v), die durch gegebene u- und v-Achsen bestimmt sind. Unsere Ellipse E liege nun ganz willkürlich in diesem Gitter L (Bild 95). Wir wollen die Sache

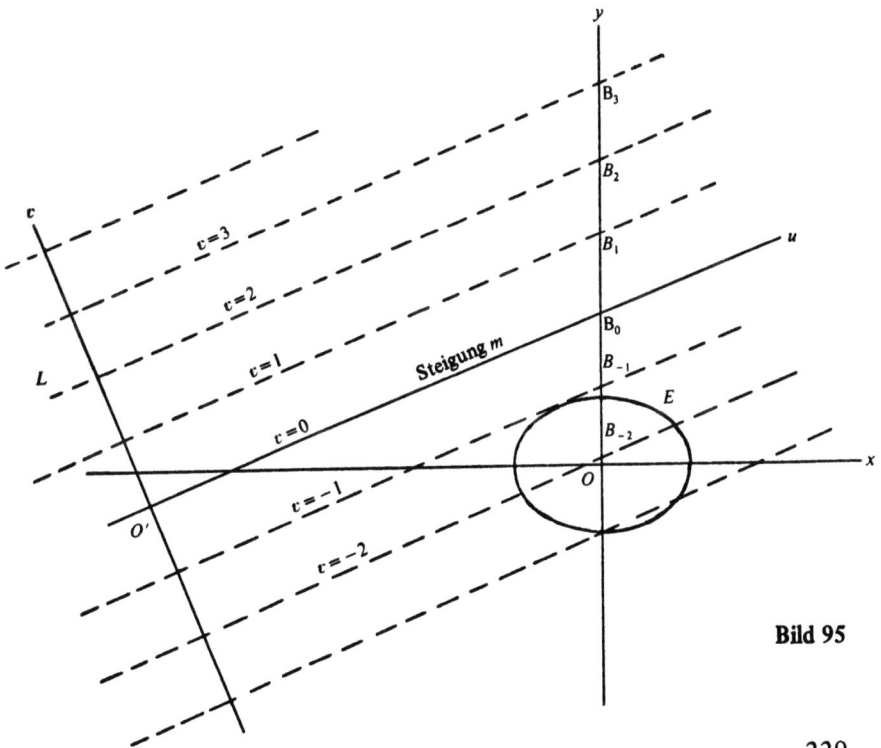

Bild 95

analytisch angehen und dabei auf die Achsen von E als x- und y-Achse eines Koordinatensystems Bezug nehmen. Bezüglich des xy-Systems liegt E in Normallage und hat die Gleichung $b^2x^2 + a^2y^2 = a^2b^2$. Die Gitterlinien von L können in beliebigem Winkel durch die xy-Ebene gehen. Da die aufeinander normalstehenden Achsen u und v in alle vier Windrichtungen zeigen, muß eine der Achsen eine Steigung m im xy-System haben mit $-1 < m \leq 1$. Wir nehmen an, daß die u-Achse diese Steigung besitzt. Die Gitterlinien v = n in L (n ganz) bilden im xy-System eine Schar paralleler Geraden der Steigung m, die immer den gleichen Abstand voneinander haben. Sie schneiden die y-Achse in einer Menge von Punkten B_n, die ebenfalls gleich weit voneinander entfernt liegen. Als erstes bestimmen wir den Abstand $B_n B_{n+1}$ zwischen benachbarten Schnittpunkten mit der y-Achse.

Auf der Geraden T (der Steigung m) durch den Ursprung 0 bestimmen wir einen Punkt P mit x-Koordinate 1 (Bild 96). Die Ordinate für P sei PN. Die Steigung m ist durch PN/ON gegeben. Das bedeutet PN = m und OP = $\sqrt{1 + m^2}$. Nun betrachten wir die Normale

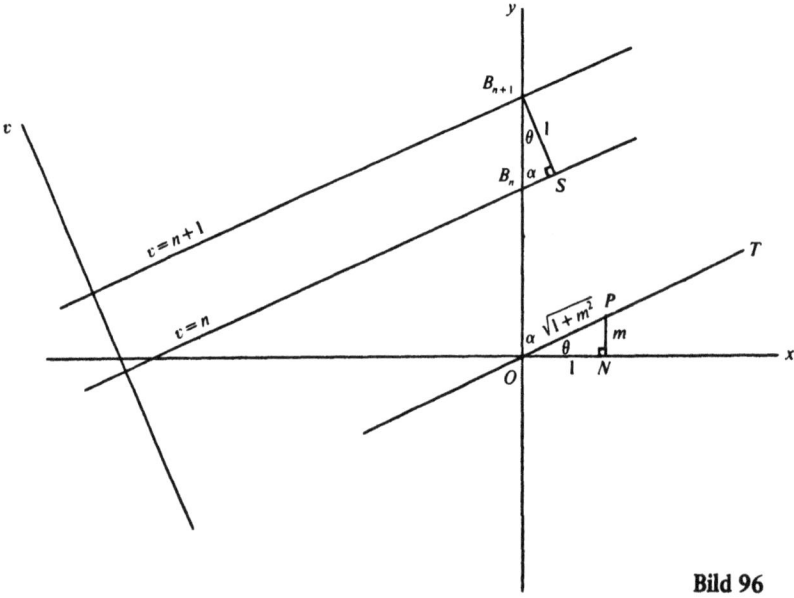

Bild 96

230

B_{n+1} S auf die Gerade v = n. Da die einander entsprechenden Winkel $B_{n+1} B_n$ S und B_n OP gleich sind, stimmen auch die entsprechenden Komplementärwinkel $SB_{n+1} B_n$ und PON überein. Das heißt, daß die Dreiecke $B_{n+1} B_n$S und PON zueinander kongruent sind (B_{n+1}S = ON = 1). Daher erhält man

$$B_{n+1} B_n = OP = \sqrt{1 + m^2}..$$

Die Punkte B_n liegen daher mit der Schrittweite $\sqrt{1 + m^2}$ auf der y-Achse aufgereiht. Deswegen gibt es einen Punkt $B_n = (O, Y)$ mit $-\frac{1}{2}\sqrt{1 + m^2} < y \leqslant \frac{1}{2}\sqrt{1 + m^2}$; diesen Punkt erhält man durch Abschlagen der halben Schrittweite links und rechts vom Ursprung (dieser Bereich ist zu groß, um kein B_n zu enthalten) (Bild 97). Hat B_n die Koordinate (O, k), so gilt für die Gleichung der Gitterlinie L_n, auf der B_n liegt, die Gleichung

$$y = mx + k \quad \text{mit} \quad -\frac{1}{2}\sqrt{1 + m^2} < k \leqslant \frac{1}{2}\sqrt{1 + m^2}.$$

(L_n ist die Gitterlinie v = n in L).

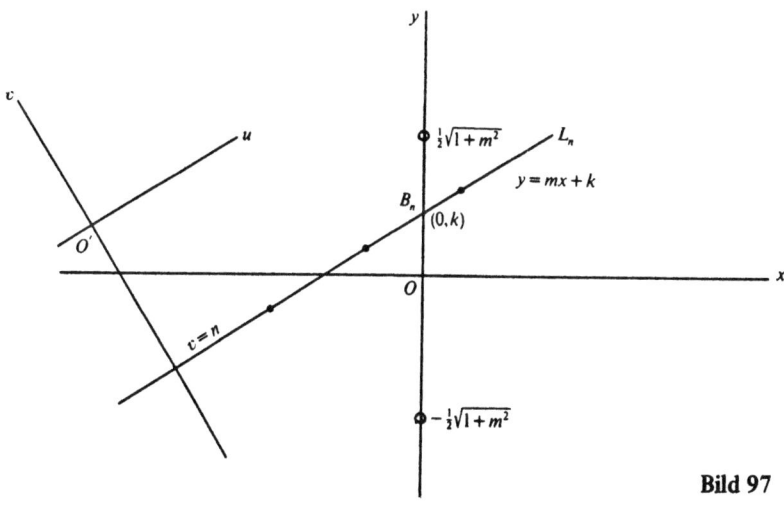

Bild 97

Wir können jetzt noch nicht sagen, daß L_n unsere Ellipse E schneidet. Durch Bestimmung der Schnittpunkte von L_n mit E findet man aber

$$y = mx + k,$$
$$b^2 x^2 + a^2 y^2 = a^2 b^2$$

und

$$b^2 x^2 + a^2 (mx + k)^2 = a^2 b^2.$$

Daraus folgt

$$x = \frac{-mka^2 \pm ab\sqrt{b^2 + a^2 m^2 - k^2}}{b^2 + a^2 m^2}.$$

Weil der Punkt (1/2, 1/2) in E liegt, gilt $a^2 + b^2 \leq 4a^2 b^2$ und daraus folgend $(1/b^2) + (1/a^2) \leq 4$. Das wiederum bedeutet $1/b^2 < 4$ und $1/a^2 < 4$, weil a und b positiv sind. Wir erhalten somit $b^2 > 1/4$, $a^2 > 1/4$ und

$$k^2 \leq \left(\frac{1}{2}\sqrt{1+m^2}\right)^2 = \frac{1}{4} + \frac{m^2}{4} < b^2 + a^2 m^2.$$

Folglich ist der Ausdruck unter der Wurzel, also $b^2 + a^2 m^2 - k^2$, positiv, weswegen L_n tatsächlich die Ellipse E schneidet.

Jetzt untersuchen wir die Länge d des Abschnittes von L_n, der in E liegt. Können wir zeigen, daß d nicht kleiner als 1 ist, so liegt einer der auf L_n liegenden Gitterpunkte in E, weil diese im Abstand 1 voneinander liegen.

x_1 und x_2 bezeichnen die x-Koordinaten der Schnittpunkte von E mit L_n. Da die Gleichung von L_n im xy-System $y = mx + k$ lautet, sind die Schnittpunkte durch $(x_1, mx_1 + k)$ und $(x_2, mx_2 + k)$ gegeben. Das bedeutet

$$d^2 = (x_2 - x_1)^2 + (mx_2 - mx_1)^2 = (x_2 - x_1)^2 (1 + m^2).$$

Die Werte von x_1 und x_2 sind — wie schon früher berechnet —

$$\frac{-mka^2 \pm ab\sqrt{b^2 + a^2 m^2 - k^2}}{b^2 + a^2 m^2}$$

Daraus erhalten wir für das Quadrat der Differenz den Ausdruck
$$\left[\frac{2ab\sqrt{b^2+a^2m^2-k^2}}{b^2+a^2m^2}\right]^2 = \frac{4a^2b^2(b^2+a^2m^2-k^2)}{(b^2+a^2m^2)^2}$$
und für d^2 den Wert
$$d^2 = \frac{4a^2b^2(b^2+a^2m^2-k^2)(1+m^2)}{(b^2+a^2m^2)^2}$$
Daher gilt
$$d^2(b^2+a^2m^2)^2 = 4a^2b^2(b^2+a^2m^2-k^2)(1+m^2).$$
Wir ziehen beiderseits den Ausdruck $(b^2+a^2m^2)^2$ ab:
$$(d^2-1)(b^2+a^2m^2)^2 = 4a^2b^2(b^2+a^2m^2-k^2)(1+m^2)$$
$$-(b^2+a^2m^2)^2$$
Können wir zeigen, daß die rechte Seite nicht-negativ ist, so bedeutet das, $d^2 - 1 \geq 0$ oder $d \geq 1$, wie gewünscht.
Aus $0 \leq (a-b)^2$ folgt $2ab \leq a^2 + b^2$. Aus der Voraussetzung
$$\boxed{a^2 + b^2 \leq 4a^2b^2}$$
ergibt sich daher $2ab \leq 4a^2b^2$ und $1 \leq 2ab$. Das bedeutet $1 \leq 2ab \leq a^2 + b^2$ und
$$\boxed{a^2 + b^2 - 1 \geq 0}.$$
Wegen $k^2 \leq (1+m^2)/4$ gilt außerdem
$$4a^2b^2(b^2+a^2m^2-k^2)(1+m^2) - (b^2+a^2m^2)^2$$
$$\geq 4a^2b^2\left(b^2+a^2m^2-\frac{1+m^2}{4}\right)(1+m^2) -$$
$$-(b^2+a^2m^2)^2 = (m^4a^2+b^2)(4a^2m^2-b^2)$$
$$+ 4m^2a^2b^2(a^2+b^2-1);$$
die letzte Gleichung erkennt man als gültig, indem man beiderseits alle Klammern auflöst.

Die oben erhaltenen Ungleichungen besagen
$$4a^2b^2 - a^2 - b^2 \geq 0 \quad \text{und} \quad a^2 + b^2 - 1 \geq 0.$$
Daher ist das Ergebnis nichtnegativ, womit gezeigt ist, daß die Bedingung hinreichend ist.

(b) Notwendig

Wir nehmen jetzt andererseits an, daß E in jeder Lage mindestens einen Gitterpunkt enthält. Es ist dann eine einfache Angelegenheit zu zeigen, daß E in der Normallage den Punkt (1/2, 1/2) enthält.

Nehmen wir das Gegenteil an und verschieben wir außerdem die Achsen, indem wir den Ursprung in den Punkt (1/2, 1/2) bringen. Dann gehen die Gitterpunkte in die Mittelpunkte der Einheitsquadrate im Gitter über und umgekehrt (Bild 98). Enthält ein Gebiet den Gitterpunkt (x, y), so bedeckt es nach der Verschiebung einen Mittelpunkt und umgekehrt. Enthält E nicht den Mittelpunkt (1/2, 1/2), so kann diese Ellipse aus Symmetriegründen auch keinen anderen Mittelpunkt enthalten. Folglich enthält E nach der Verschiebung keinen Gitterpunkt, was im Widerspruch dazu steht, daß E in jeder Lage einen Gitterpunkt (eines aus Einheitsquadraten bestehenden Gitters) enthalten soll (in unserem Fall ist das Gitter das Gitter der Quadratmittelpunkte). Folglich enthält E den Punkt (1/2, 1/2). Damit ist der Satz vollständig bewiesen. •

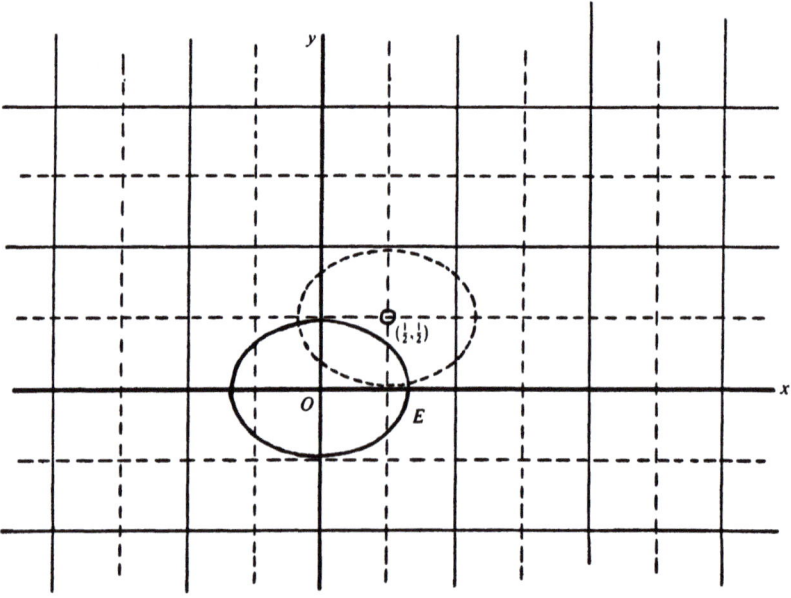

Bild 98

Problem 91

Archimedische Dreiecke*

Eine der bemerkenswerten Leistungen des großartigen Archimedes ist die Bestimmung der Fläche eines Parabelsegmentes (d. h. des von einer Sehne ausgeschnittenen Teils einer Parabel). Er fand, daß das durch die Sehne AB bestimmte Segment als Fläche zwei Drittel der Dreiecksfläche desjenigen Dreiecks PAB besitzt, das durch die Tangenten an die Parabel in A und B bestimmt ist. Ein solches Dreieck PAB nennt man ein „Archimedisches" Dreieck (Bild 99).

Man kann zeigen, daß die Seitenhalbierende PT durch die Sehne eines Archimedischen Dreiecks parallel zur Parabelachse liegt und daß sie die Parabel in einem Punkt C schneidet, in dem die Tangente MCN parallel ist zur Sehne AB. Es stellt sich auch heraus, daß M und

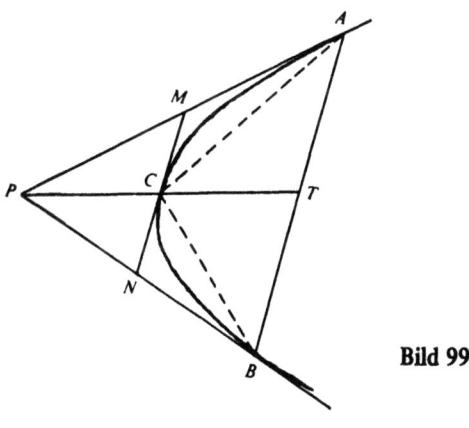

Bild 99

---

* AMM, 1935, S. 606, "Properties of Parabolas in a Triangle", von J. A. Bullard, University of Vermont, vgl. AMM, 1937, S. 368.

N die Mittelpunkte der Seiten PA und PB sind. Das Dreieck CAB hat daher die gleiche Basis wie das Dreieck PAB und die Hälfte seiner Höhe. Das bedeutet für die Flächeninhalte $\Delta\,(CAB) = \frac{1}{2} \cdot \Delta\,(PAB)$ und

Fläche des Parabelsegments = $\frac{2}{3}\Delta\,(PAB) = \frac{4}{3}\Delta\,(CAB)$.

Ein gegebenes Dreieck ist ein Archimedisches Dreieck für drei Parabeln, von denen jede zwei Dreiecksseiten in den Eckpunkten berührt. Ein Archimedisches Dreieck zusammen mit seinen drei Parabeln bildet eine Konfiguration mit vielen interessanten Eigenschaften (Bild 100).

(i) Die Parabeln schneiden sich auf den Seitenhalbierenden des Dreiecks (z. B. ist NTM eine Seitenhalbierende).

(ii) Diese Schnittpunkte liegen 1/9 der Länge der Seitenhalbierenden vom Seitenmittelpunkt entfernt (z. B. gilt MT = (1/9) MN oder MT : TN = 1:8).

(iii) Die Parabeln und Seitenhalbierenden dazwischen zerlegen das Dreieck in 18 Teile, von denen 12 von je zwei Strecken und einem Parabelbogen berandet sind; weitere 6 haben zwei Bögen und eine Strecke als Begrenzung. Die 12 Teile haben alle dieselbe Fläche

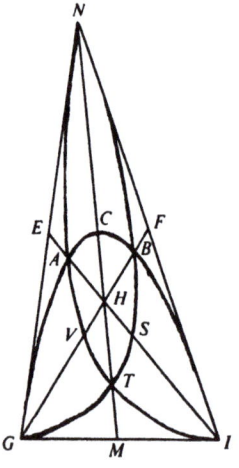

Bild 100

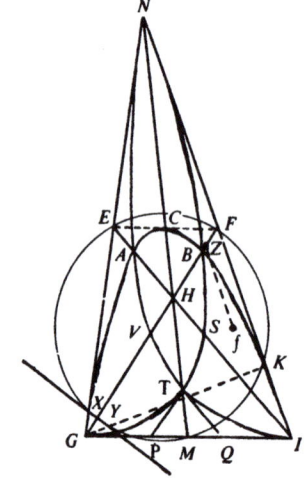

Bild 101

(5/162 der Dreiecksfläche). Auch die Flächen der übrigen 6 Teile sind gleich (17/162 der Dreiecksfläche).

(iv) Die Tangenten an die Parabeln durch die Schnittpunkte (z. B. durch T) liefern eine Dreiteilung der anliegenden Seite (z. B. dritteln P und Q die Seite GI) (Bild 101).

(v) Der Neun-Punkt-Kreis (durch die Seitenmittelpunkte) schneidet die von einem Punkt ausgehende Höhe und Seitenhalbierende (z. B. GK und GF) in zwei Punkten (Y und X), die eine Gerade bestimmen, die auf der Seitenhalbierenden senkrecht steht; deswegen steht sie auch auf der Achse der entsprechenden Parabel senkrecht und ist folglich eine Parallele zur Leitlinie. Genauer gesagt: Diese Gerade (XY) ist die Leitlinie.

(vi) Eine Gerade durch den Brennpunkt f parallel zur nichttangential liegenden Dreiecksseite schneidet aus der Seitenhalbierenden (GF) durch diese Seite eine Strecke (ZF) aus, deren Länge mit dem Abstand vom Eckpunkt des Dreiecks (G) zur Leitlinie übereinstimmt (GX = ZF).

Wir schließen unsere Sammlung mathematischer Geschichten in diesem Abschnitt mit der Herleitung der Eigenschaften (i), (ii) sowie der Hälfte von (iii) ab.

Lösung zur (i) und (ii)

Diese Eigenschaften beweist man zusammen, indem man zeigt, daß der Punkt W, der die Seitenhalbierende MN im Verhältnis 1:8 teilt, auf den beiden Parabeln liegt, die die Seite GI berühren (Bild 102).

Weil die Parabeln äquivalente Fälle darstellen, betrachten wir nur die Parabel durch N und I. Ihre Gleichung sei $y^2 = x$. Die Koordinaten von N und I seien (k^2, k) und (t^2, t). Die Tangenten GB und GI haben dann die Gleichungen

$$x - 2ky + k^2 = 0 \quad \text{und} \quad x - 2ty + t^2 = 0$$

Der Schnittpunkt G hat daher die Koordinaten $(kt, (k + t)/2)$. (Nebenbei gesagt hat der Mittelpunkt der Strecke NI dieselbe Ordinate $(k + t)/2$ wie G, wodurch gezeigt ist, daß die Seitenhalbierende die Sehne NI parallel zur Parabelachse liegt.)

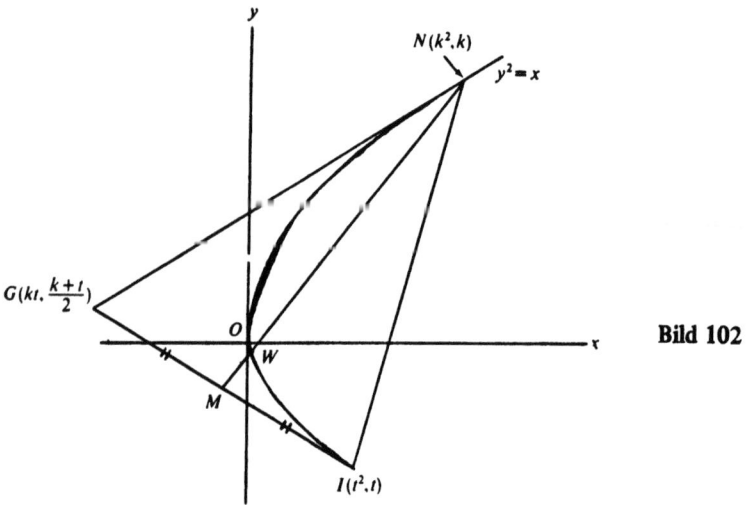

Bild 102

Der Mittelpunkt M von GI ist $(t(k+t)/2, k+3t/4)$. Der Punkt, der MN im Verhältnis 1:8 teilt, ist

$$\left(\frac{k^2 + 8\left(\frac{t(k+t)}{2}\right)}{9}, \frac{k + 8\left(\frac{k+3t}{4}\right)}{9}\right) = \left(\frac{1}{9}[k^2 + 4t(k+t)], \frac{1}{9}[k + 2(k+3t)]\right).$$

Für diesen Punkt gilt

$$y^2 = \frac{1}{81}[k + 2(k+3t)]^2 = \frac{1}{81}(3k + 6t)^2$$
$$= \frac{1}{9}(k + 2t)^2 = \frac{1}{9}(k^2 + 4kt + 4t^2) = \frac{1}{9}[k^2 + 4t(k+t)] = x,$$

weswegen er auf der Parabel liegt. •

Lösung zu (iii)

Der Schwerpunkt H liefert eine Dreiteilung der Seitenhalbierenden EI und FG. Aus $EA = \frac{1}{9} EI$ folgt $EA = \frac{1}{3} EH$. Analog ergibt sich $FB = \frac{1}{3} FH$. Also liegt AB parallel zu EF. Wie oben erwähnt, berührt EF die Parabel durch G und I in dem Punkt C, der der Schnittpunkt der Seitenhalbierenden NM mit der Parabel ist.

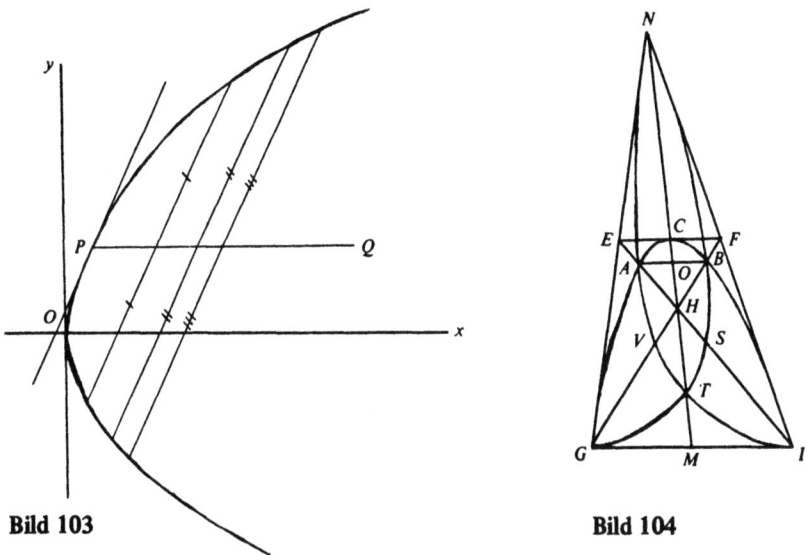

Bild 103 **Bild 104**

Nun rufen wir die Eigenschaft eines „Durchmessers" einer Parabel in Erinnnerung (Bild 103):

Die Ortslinie der Mittelpunkte einer Schar paralleler Sehnen ist eine Gerade, die man Durchmesser nennt. Alle Durchmesser einer Parabel sind zur Achse parallel. Die Tangente am „Ende" des Durchmessers ist parallel zu jeder Sehne der Ausgangsschar. Deshalb halbiert eine Gerade PQ durch einen Punkt P der Parabel parallel zur Achse jede Sehne die zur Parabeltangente durch P parallel liegt.

Wir haben soeben erkannt, daß AB zur Tangente ECF parallel ist, wobei CO als Teil der Seitenhalbierenden NM parallel zur Parabelachse liegt (Bild 104). Deswegen ist CO ein Durchmesser und halbiert als solcher alle zu EF (und AB) parallelen Sehnen. Daraus folgt, daß CO eine Flächenhalbierung des Segmentes ABC liefert. AB ist eine der durch CO halbierten Sehnen. Folglich halbiert OH das Dreieck ABH. Das bedeutet, daß CH auch AHBC halbiert. Für die Fläche von AHC gilt somit:

Fläche von AHC = $\frac{1}{2}$ Fläche von AHBC = $\frac{1}{2}$ Fläche von ABC + Fläche von ABH.

Jetzt wenden wir uns der Berechnung der Fläche des Segmentes ABC und des Dreiecks ABH zu.

Weil EF und AB parallel liegen, sind EFH und ABH ähnliche Dreiecke. Daraus folgt für die Flächeninhalte

$$\frac{\triangle ABH}{\triangle EFH} = \left(\frac{AH}{EH}\right)^2 = \left(\frac{2}{3}\right)^2 = \frac{4}{9}$$

und $\triangle ABH = \frac{4}{9} \triangle EFH$.

EF ist zu GI parallel; deshalb sind auch die Dreiecke EFH und HGI zueinander ähnlich. Das Verhältnis entsprechender Seiten ist 1/2. Daher gilt:

$$\triangle EFH = \frac{1}{4} \triangle HGI.$$

Der Schwerpunkt H bestimmt eine Dreiteilung der Seitenhalbierenden MN. Daraus folgt (ähnliche Dreiecke), daß die entsprechenden Höhen auf GI in den Dreiecken HGI und NGI im Verhältnis 1:3 zueinander stehen. Die Fläche von HGI beträgt also ein Drittel der von NGI. Das ergibt

$$\triangle EFH = \frac{1}{4}\left(\frac{1}{3} \triangle NGI\right) = \frac{1}{12} \triangle NGI$$

und

$$\triangle ABH = \frac{4}{9} \triangle EFH = \frac{4}{9}\left(\frac{1}{12} \triangle NGI\right) = \frac{1}{27} \triangle NGI.$$

Schließlich gilt: Fläche des Segmentes ABC = $\frac{4}{3} \triangle ABC$. Weil A und B die Strecken EH und FH im Verhältnis 1:2 teilen, ist der Abstand zwischen den parallelen Strecken EF und AB (die Höhe auf AB im Dreieck ABC) halb so groß wie die Höhe durch H auf AB im Dreieck ABH. Die Fläche von ABC ist daher halb so groß wie die von ABH:

$$\triangle ABC = \frac{1}{2} \triangle ABH = \frac{1}{2}\left(\frac{1}{29} \triangle NGI\right) = \frac{1}{54} \triangle NGI.$$

Das bedeutet:

Fläche des Segmentes ABC = $\frac{4}{3}$ $\triangle$ ABC = $\frac{4}{3}\left(\frac{1}{54} \triangle \text{NGI}\right)$ = $\frac{2}{81}$ $\triangle$ NGI.

Abschließend erhält man

$$\text{Fläche von ACH} = \frac{1}{2}\left(\frac{2}{81} \triangle \text{NGI} + \frac{1}{27} \triangle \text{NGI}\right)$$
$$= \left(\frac{1}{81} + \frac{1}{54}\right) \triangle \text{NGI}$$
$$= \frac{5}{162} \triangle \text{NGI}. \bullet$$

Übungen

Einen Literaturhinweis für das Problem und seine Lösung findet man jeweils am Ende der Übung.

1. Zum Überholen eines Güterzuges braucht ein Personenzug, der x-mal schneller als der Güterzug ist, x-mal mehr Zeit als Zeit vergeht, wenn die Züge in entgegengesetzten Richtungen aneinander vorbeifahren. Man bestimme x. (AMM, 1960, S. 475, Problem E 1386).

2. Von den Mittelpunkten zweier Kreise werden Tangenten an den jeweils anderen Kreis gezogen (Bild 105). Man beweise, daß dadurch auf den Kreisrändern gleiche Sehnen ausgeschnitten werden. (AMM, 1933, S. 456).

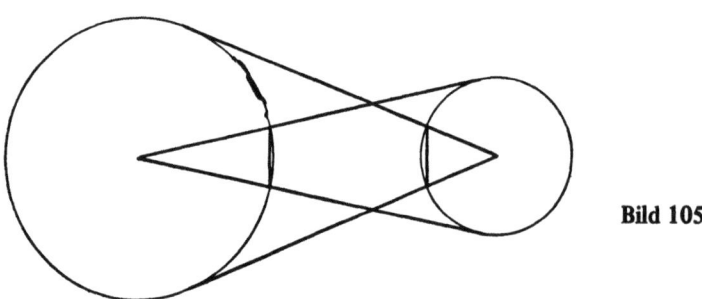

Bild 105

3. Man bestimme die kleinste natürliche Zahl mit der Eigenschaft, daß ihre Ziffernsumme die Summe der dritten Potenzen der Ziffern nicht teilt.
(AMM, 1948, S. 579, Problem E 802).

4. Es seien A, B und C drei beliebige Punkte einer Parabel, deren Achse parallel zur y-Achse liegt. m_A sei die Steigung der Tangente durch A, m_{AB} die Steigung der Sehne AB, usw. Man beweise die überraschende Eigenschaft

$$m_A = m_{AB} + m_{AC} - m_{BC}.$$

(AMM, 1965, S. 667, Problem E 1701).

5. Man zeige, daß die „magische Konstante" eines magischen Quadrates der Dimension 3 immer ein Vielfaches von 3 ist.
(AMM, 1897, S. 189).

6. Jemand erhielt einen Scheck, der auf einen bestimmten Betrag in Dollar und Cent lautete. Beim Einlösen geschah ein Fehler: er erhielt an Dollar so viel wie am Scheck als Cent-Betrag stand und soviel Cent, wie der Dollar-Betrag am Scheck lautete. Nachdem er $ 3.50 ausgegeben hatte, erkannte er, daß er plötzlich doppelt so viel Geld hatte, wie auf dem Scheck gestanden war. Welcher Betrag stand auf dem Scheck?
(AMM, 1941, S. 212, Problem E 430).

7. Man zeige, daß es in jedem Tetraeder mindestens eine Ecke gibt, in der alle Flächenwinkel spitz sind.
(AMM, 1935, S. 453, Problem E 141).

8. Es sei f(x) ein Polynom mit ganzen Koeffizienten; a sei eine ungerade und b eine gerade Zahl, so daß f(a) und f(b) beides gerade Zahlen sind. Man beweise, daß f(x) = 0 keine ganze Wurzel besitzt.
(AMM, 1960, S. 760, keine Lösung).

9. In einem einfachen Polyeder P sollen sich in keiner Ecke genau drei Kanten treffen. Man zeige, daß mindestens 9 Begrenzungsflächen von P Dreiecke sind.
(AMM, 1951, S. 421, Problem E 945).

10. Man beweise, daß jede Potenz a^n, a und n natürliche Zahlen, n > 1, Summe von a aufeinanderfolgenden ungeraden Zahlen ist.
(AMM, 1947, S. 165, Problem E 726).

11. Eine Sehne fester Länge gleitet in einem gegebenen Kreis. Die Endpunkte der Sehne werden normal auf einen festen Durchmesser projiziert. Die Fußpunkte der Projektionen bilden zusammen mit dem Mittelpunkt der Sehne ein Dreieck. Man beweise, daß dieses Dreieck gleichschenklig ist und nie seine Gestalt ändert, wenn die Sehne im Kreis wandert.
(AMM, 1936, S. 186, Problem E 171).

12. A nennt eine zweistellige Zahl zwischen 01 und 99. B dreht die Zahl um und addiert diese Zahl zu ihrer Ziffernsumme. Dann gibt B das Ergebnis A bekannt. A geht nun so, wie vorher B vor. Alle entstehenden Zahlen werden modulo 100 reduziert, so daß nur zweistellige Zahlen vorkommen. Welche Möglichkeiten hat A für die Wahl der ersten Zahl, damit B einmal die Zahl 00 erhält?
(AMM, 1949, S. 105, Problem E 816).

13. Man beweise, daß die fünf geraden Ziffern und die fünf ungeraden Ziffern in keiner Anordnung eine Quadratzahl ergeben.
(AMM, 1937, S. 248, Problem E 232).

14. Ein variabler Kreis wird so durch zwei feste Punkte gezogen, daß er einen festen Kreis in zwei Punkten schneidet. Man beweise, daß alle die dem festen und den variablen Kreisen gemeinsamen Sehnen durch einen gemeinsamen Punkt gehen.
(AMM, 1895, S. 17, Problem 32).

15. Man bestimme die maximale und minimale Zahl von Freitagen, die in einem Jahr auf einen 13. Tag im Monat fallen.
(AMM, 1963, S. 759, Problem E 1541).

16. Man bestimme zwei natürliche Zahlen, so daß ihre Summe ein Teiler ihres Produktes ist.
(AMM, 1961, S. 804, Problem E 1452).

17. Es seien ein Kreis mit Mittelpunkt 0 und ein Punkt P gegeben, der nicht auf dem Kreis liegt. Durch P wird eine Gerade gelegt, die den Kreis in zwei Punkten schneidet, durch die man Kreistangenten zieht. Die Schnittpunkte der Tangenten mit der Geraden

durch P, die normal auf OP steht, seien C und D. Man zeige, daß P der Mittelpunkt von CD ist.
(Mathematics News Letter (Vorgänger des Mathematics Magazine), 1933–34, S. 170, Problem 52).

18. Man beweise, daß für n = 1, 2, 3, ... gilt:
$$(1^5 + 2^5 + \ldots + n^5) + (1^7 + 2^7 + \ldots + n^7) = 2(1 + 2 + \ldots + n)^4$$
(AMM, 1915, S. 99, Problem 419).

19. Man zeige, daß in einem Dreieck die sechs Fußpunkte der Lote durch die Höhenfußpunkte auf die beiden jeweils anderen Seiten auf einem Kreis liegen. (Dieser Kreis ist als der Taylorsche Kreis des Dreiecks bekannt).
(NMM, 1943–44, S. 40, Problem 485).

20. Man zeige, daß eine natürliche Zahl eindeutig durch das Produkt ihrer Teiler bestimmt ist.
(MM, 1964, S. 57, Problem 518).

21. In einem Dreieck mögen zwei Seitenhalbierenden normal aufeinander stehen. Man zeige, daß dann die drei Seitenhalbierenden Seiten eines rechtwinkligen Dreiecks sind, wobei die dritte Seitenhalbierende die Hypothenuse darstellt.
(AMM, 1902, S. 164, Problem 177).

22. Es sei f_n das n-te Folgenglied der durch
$$f_n = -f_{n-1} - 2f_{n-2}, f_1 = 1, f_2 = -1$$
definierten Folge. Man zeige, daß $2^{n+1} - 7f_{n-1}^2$ immer ein Quadrat ist.
(AMM, 1973, S. 696, Problem E 2367).

23. Farmer Jones besitzt ein Fuhrwerk mit quadratischen Rädern. Diese sind für seine Zwecke sehr gut geeignet, da er damit auf der „Rumpelstraße" ohne Schütteln fahren kann. Man beschreibe die Form der Straße.
(AMM, 1965, S. 82, Problem E 1668).

24. Man bestimme alle Werte r, so daß kein Wert von n! auf genau r Nullen endet.
(MM, 1953, S. 54, Problem 158).

25. Der Mittelpunkt eines Kreises liegt auf einer gleichseitigen Hyperbel. Außerdem gehe der Kreis durch den dem Mittelpunkt diametral gegenüberliegenden Punkt der Hyperbel. Man beweise, daß die restlichen drei Schnittpunkte von Kreis und Hyperbel ein gleichseitiges Dreieck bestimmen (Bild 106).
(NMM, 1943−44, S. 247, Problem 531).

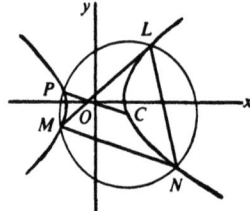

Bild 106

Liste der nach Themen geordneten Probleme

I. Algebra, Arithmetik, Zahlentheorie, Folgen, Wahrscheinlichkeitstheorie

Problem-nummer	Titel	Seite
4	Die Fährboote	8
6	Das Chauffeurproblem	11
10	$\cos 17 x = f(\cos x)$	21
15	Die Ziffern der Zahl 4444^{4444}	31
16	$\sigma(n) + \varphi(n) = n \cdot d(n)$	33
18	Eine Summe minimaler Zahlen	38
19	Die drei letzten Stellen der Zahl 7^{9999}	41
20	Ein Würfelspiel	43
22	Doppelfolgen	46
26	a^b und b^a	60
27	Eine mathematische Scherzfrage	62
30	Ein diophantisches Gleichungssystem	73
33	Die Schneebälle	81
34	Die Zahlen zwischen 1 und einer Milliarde	83
36	Eine diophantische Gleichung	91
37	Die Folge der Fibonacci-Zahlen	93
40	Perfekte Zahlen	103
41	Die Seiten im Viereck	105
42	Primzahlen in arithmetischen Folgen	107
44	Die Kühe und die Schafe	112
45	Eine Folge von Quadraten	114
49	$\pi(n)$	123
52	Gefälschte Würfel	130
53	Eine merkwürdige Folge	132

Problem-nummer	Titel	Seite
54	Lange Ketten aufeinanderfolgender natürlicher Zahlen	136
56	Dreieckszahlen	142
58	Die Fermatschen Zahlen	157
59	Eine Ungleichung für Reziprokwerte	155
60	Eine vollkommene vierte Potenz	156
62	Die roten und die grünen Bälle	163
63	Zusammengesetzte Glieder in arithmetischen Folgen	165
65	Prüfungen	170
67	Noch eine diophantische Gleichung	176
68	Eine ungewöhnliche Eigenschaft komplexer Zahlen	178
70	Gleiche Ziffern am Ende einer Quadratzahl	182
72	Ein Ungleichungssystem	186
74	Mehr über vollkommene Quadrate	190
75	Ein ungewöhnliches Polynom	194
77	Ein einfacher Rest	200
78	Eine merkwürdige Eigenschaft von 3	201
80	Immer ein Quadrat	204
81	Eine Einteilung der natürlichen Zahlen	206
83	Durch Permutationen bestimmte Brüche	210
84	Binomialkoeffizienten	211
85	Die Fermatsche Zahl F_{73}	213
87	Besondere Tripel natürlicher Zahlen	220
88	Primzahlsummen	221
89	Noch eine merkwürdige Folge	222

II. Kombinatorik, kombinatorische Geometrie (Maxima und Minima)

Problem-nummer	Titel	Seite
1	Das Schachturnier	1
2	Die geordneten Partitionen von n	3
3	Gebiete in einem Kreis	4
8	Färbungen der Ebene	17
11	Ein Quadrat im Gitter	22
13	Das Spiel der X und O	28
21	Der durchbohrte Würfel	44
23	Punkttrennende Kreise	49
28	Landkarten auf der Kugel	64
29	Konvexe Gebiete der Ebene	68
32	Das wohlzerstörte Schachbrett	76
35	Aneinanderstoßende, einander nicht überlappende Einheitsquadrate	84
39	Gitterpunktverteilung	100
47	Rote und blaue Punkte	118
51	Die Anzahl der inneren Diagonalen	128
61	Quadratpackungen	157
69	Eine Kreiskette	179
90	Ellipsen im Gitter	228

III. Geometrie (Maxima und Minima)

5	Der vorstehende Halbkreis	9
7	Die Wandschirme in der Ecke	14
9	Ein ins Auge springendes Maximum	19
12	Ein undurchlässiges Quadrat	25
14	Eine überraschende Eigenschaft rechtwinkliger Dreiecke	29
17	k-Haufen	36
24	Über die Längen der Seiten eines Dreieckes	53

Problem-nummer	Titel	Seite
25	Keine Analysis, bitte!	54
31	Eine reflektierte Tangente	74
38	Eine Ungleichung von Erdös	97
43	Cevasche Strecken	109
46	Das eingeschriebene Zehneck	115
48	Die Methode von Swale	121
50	Eine Sehne konstanter Länge	126
55	Ein minimales eingeschriebenes Viereck	139
57	Regelmäßige n-Ecke	150
64	Aneinanderstoßende gleichseitige Dreiecke	167
66	Eine Anwendung des Satzes von Ptolemäus	172
71	Eine Winkelhalbierende	184
73	Eine unerwartete Eigenschaft des regelmäßigen 26-Ecks	187
76	Schwerpunkte, die auf einem Kreis liegen	196
79	Ein Quadrat im Quadrat	202
82	Dreiecke, deren Seitenlängen benachbarte Glieder einer arithmetischen Folge sind	208
86	Ein Sehnenviereck	218
91	Archimedische Dreiecke	235

MIX
Papier aus verantwortungsvollen Quellen
Paper from responsible sources
FSC® C105338

If you have any concerns about our products,
you can contact us on
ProductSafety@springernature.com

In case Publisher is established outside the EU,
the EU authorized representative is:
**Springer Nature Customer Service Center GmbH
Europaplatz 3, 69115 Heidelberg, Germany**

Printed by Libri Plureos GmbH
in Hamburg, Germany